华夏香谱

丰年古法合香集

王丰年 编著

中国商业出版社

图书在版编目（CIP）数据

华夏香谱：丰年古法合香集／王丰年编著. -- 北京：中国商业出版社，2024.5

ISBN 978-7-5208-2901-4

Ⅰ . ①华… Ⅱ . ①王… Ⅲ . ①香料-文化-中国 Ⅳ . ①TQ65

中国国家版本馆 CIP 数据核字（2024）第 090431 号

责任编辑：聂立芳

策划编辑：张　盈

中国商业出版社出版发行

（www.zgsycb.com　　100053　　北京广安门内报国寺 1 号）

总编室：010-63180647　　编辑室：010-63033100

发行部：010-83120835/8286

新华书店经销

北京博海升彩色印刷有限公司印刷

* * * * *

710 毫米×1000 毫米　16 开　17 印张　260 千字

2024 年 5 月第 1 版　2024 年 5 月第 1 次印刷

定价：98.00 元

* * * *

（如有印装质量问题可更换）

華夏香譜

鎏金古灋 合香集

孟慶利題

序言

　　王丰年先生编纂的《华夏香谱——丰年古法合香集》即将出版，这是一件值得庆贺的事。我知道这部著作凝聚了丰年先生多年的心血结晶，它的出版发行，有多方面的意义。为丰年志贺，也为喜爱"香道"（或称之为"香文化"）的各界人士得读一部雅俗共赏的好书而欣喜。

　　我和丰年先生同为莱州市东宋村人，后来均在北京工作和发展，最近十多年间，两人联系更加密切。我们都有浓浓的乡土情结，其中有个"标志性"的特征：两人的故乡坐落在优游山下，"优游"就成了我们寄托乡思的凭借。前不久我出版的一部学术随笔，就定名为《优游随笔》，我的名号为"优游散仙"；而丰年号为"优游山人"和"东莱散人"，我们不约而同地以故乡的山名作为自己的精神寄托。古人所谓"乡党"的意识，在我们这里表达得如此清晰。我和丰年还有一层更深的渊源关系：他的爷爷王振基老先生，是我的小学语文老师，我曾经得到王老先生持续多年的鼓励。1978年我被中国人民大学录取后向老先生辞行，他以八个字郑重相赠——博观约取，厚积薄发。

王老先生所赠之座右铭

　　这八个字成为我进入北京之后激励和约束自己的座右铭，退休后也不敢或忘。我曾经感叹：46 年前，在那个偏僻农村，能够向一个懵懵懂懂即将离乡的青年赠送这八字座右铭的"乡村文化人"，唯有王振基老师一人。记不清楚是哪一年了，春节时我到王老先生家里去拜年，他向我介绍了他的长孙——王丰年，说他在北京从事陶艺制作。"很会赚外国人的钱。"这当然是老人家对孙子的调侃式自豪，也是我多年后记忆犹新、偶尔用来和丰年开玩笑的话。当时我看到的丰年，从服饰到发型的风格，都是青年艺术家的"范儿"，我内心多少还是有点距离感的。后来随着我们在北京和莱州持续多年的交往，两人的"乡党"关系越来越密切。

　　我之所以不避"絮叨"之嫌，说明我和丰年的渊源关系，有两个用意：一是要强调丰年出生在一个富有文化传统的殷实之家，不仅他的爷爷是"有学问"的先生，而且王家就是以学问传世的地方望族。在更早的"科举时代"，王家先人出过有"功名"的人物，并有过高级官员赐匾褒奖的荣耀——光绪年间的山东巡抚张曜为王家当家人题赠"筠操获训"牌匾，褒奖节操如竹、母教有方。当年的王家门前立有一通牌坊，"筠操荻训"牌匾就高悬其上。王振基先生的曾祖父王辉明幼年丧父，其母抚孤育子，懿德感人。故有官府旌表之誉，乡里流芳。总之，王家是一个传统文化积淀深厚的乡绅之家。

"筠操荻训"牌匾

除了王家的文化余荫之外，丰年的成长过程还与他的姥姥密切相关。这是一位值得尊重的老人。几年前的正月，我曾经和丰年一道去拜访过他的姥姥，她住在与我们村相隔三里路的赵家村。已经是耄耋之年的老人家，还在家里制作熏香，可谓窗明几净，满室盈香。不知道是按照家传的传统方式还是按照丰年推广的方式在做事，老人虔诚做事的态度，很是令我感动。后来我注意到在丰年的古法合香宣传片中，几次出现老人家的身影，有一种特别的亲切和温馨的感觉。我由此感叹：丰年之所以能够走出一条整理、继承、弘扬"香文化"的温馨之路，与他成长的家庭条件应该有密切的关系。二是借此说明，此书出版在即，丰年嘱我写序，基于前述乡情和人情，我就有了"义不容辞"的自我定位；尽管我为此也有为难之处——我对于"香道"所知甚少，承诺写序之后，一时竟然不知如何下笔才好！

姥姥在理香

苦思冥想之际，一个与"香"相关的成语——分香卖履，突然闪现在我的脑海。东汉末年的政治家曹操在临终之时，留下了一道《遗令》。这位"治世之能臣""乱世之奸雄"在这道令文中，对国家政治无一语相及，只谈丧事安排与身边琐事，其中有一句话引发后人热议："余香可分与诸夫人，不命祭。诸舍中无所为，可学做组履卖也。"曹操把他的诸位夫人安顿在铜雀台居住，并将他平常保存和使用的"香囊"分发给诸位夫人，嘱咐她们在无聊之时可以学做鞋卖出度日。这位纵横天下的政治家在生命的尽头，表现出常人一般的恋念妻妾之情。"分香卖履"也就成为后人了解和评价曹操的一个独特的视角。

唐代诗人，性喜浪漫者居多，以"分香"为主题的诗作甚多。如乔知之的《铜雀妓》："金阁惜分香，铅华不重妆。空余歌舞地，犹是为君王。哀弦调已绝，艳曲不须长。共看西陵暮，秋烟生白杨。"罗隐的《邺城》："台上年年掩翠蛾，台前高树夹漳河。英雄亦到分香处，能共常人较几多。"

罗隐诗篇的结句，以"英雄"与"常人"的对比，感慨生离死别的无奈和凄凉，尤其具备感染力。由此可见，曹操临终"分香"，给人留下了多少想象的空间！曹操的日常生活中，是否也曾经使用"熏香"？几年前的考古成果给出了明确的答案。河南安阳西高穴村的一座东汉大墓被确认为曹操的高陵。考古学家唐际根对这座墓葬做了研究，他在《曹操墓葬里的人生真实》的访谈文章中有如此说法："曹操化妆时还要熏香。现代人熏香是追求'小资'，但熏香对于曹操来说可能是日常功课。熏香的证据有二：一是墓葬中出土有'香囊卅双'的六边形石牌，想必随葬品中原本是有香料的，可能随着埋藏时间久了被自然分解；二是曹操高陵出土了一件陶质香熏，亦可作证。"可见，在曹操的日常生活中，香有很重要的作用。

曹操墓中的陶质香熏形制简陋，体现的是他的"薄葬"要求。由此而向更早的历史深处追溯，香熏可以为人们打开内涵深厚的文化宝库。

古人使用熏香的历史很久远，其驱赶蚊虫、洁净环境、祭祀祖先、沟通神灵等功效，是熏香保持生命力的重要原因。在众多熏香器具中，战国到秦汉时期的熏炉更是独具风采。汉代不仅保留古人喜欢在室内熏香的习俗，而且随着丝绸之路的开通，各种异域香料进入中原，熏香香料的选择性更为广阔。"香道"也就进入了一个大发展的历史阶段。说它是本土固有文化和异域文化有机结合的载体，实不为过。

就形制而言，"博山炉"是汉代最具特色的香炉。博山炉镂雕成山峰形状，其上遍布羽人、走兽等。炉中的香料点燃之时，随着烟缕袅袅轻布，香气弥漫四散，形成云雾缭绕的效果，恰似如梦似幻的仙山。这样的场景，最能体现出古人对仙山传说的信仰。博山炉以华贵的造型和丰富的内涵，把古人的社会生活和信仰凝固为一体而保留下来。从这个意义上说来，香道是人们了解古代文化有独特价值的一个侧面。

谈及对于香道的认识，窃以为"神秘"和"高雅"最为重要。就"神秘"而言，汉代博山炉的"氛围"营造，已经把"熏香"和"神仙信仰"的关系做了物化的揭示。还有很重要的一个层面就是高僧和高道等

"出世"之人，其居住环境往往都与"焚香"相关联。唐代政治家和诗人张说，有一组题为《道家四首奉敕撰》的诗篇，其中有"道记开中篆，真官表上清。焚香三鸟至，炼药九仙成。天上灵书下，空中妙伎迎。迎来出烟雾，渺渺戏蓬瀛。"唐代诗人韦应物，有《寄黄、刘二尊师》之诗："庐山两道士，各在一峰居。矫掌白云表，晞发阳和初。清夜降真侣，焚香满空虚。中有无为乐，自然与世疏。道尊不可屈，符守岂暇馀。高斋遥致敬，愿示一编书。"白居易的诗作《味道》，礼敬"焚香"，兼及修道和礼佛两个方面，其实也表达了多数国人兼礼佛道两教的心态："叩齿晨兴秋院静，焚香冥坐晚窗深。七篇真诰论仙事，一卷檀经说佛心。此日尽知前境妄，多生曾被外尘侵。自嫌习性犹残处，爱咏闲诗好听琴。"

专题歌咏"焚香"与"礼佛"的诗词名篇很多，唐代诗人贾岛有《送僧》之诗："池上时时松雪落，焚香烟起见孤灯。静夜忆谁来对坐，曲江南岸寺中僧。"北宋前期富有传奇的名士潘阆，以身负奇才、性格疏狂、命运多舛闻世，曾两次因参与政治事件而亡命和下狱。后以隐士而游走天下，未尝不是出于政治失意后的无奈。潘阆以词家而名闻天下，有《酒泉子》十首传世。黄静之在《酒泉子》词跋中云："潘阆，谪仙人也，放怀湖山，随意吟咏。词翰飘洒，非俗子可仰望。"由此可见潘阆在文士群体中声望之高。潘阆的一首词作，可以看出佛教对他的影响。其中，"焚香"也构成了这篇词作的看点——长忆钱塘，临水傍山三百寺。僧房携杖遍曾游。闲话觉忘忧。栴檀楼阁云霞畔，钟梵清宵彻天汉。别来遥礼只焚香。便恐是西方。

就高雅而言，焚香的文化功能体现得十分突出。历代的"高僧""高道"以及"高隐之士"和"志节之士"，其精神寄托，大多与焚香有关。这种文化现象，也可以从诗词歌咏之作中一窥概要。

张籍《和陆司业习静寄所知》："幽室独焚香，清晨下未央。山开登竹阁，僧到出茶床。收拾新琴谱，封题旧药方。逍遥无别事，不似在班行。"崔峒《题崇福寺禅院》："僧家竟何事，扫地与焚香。清磬度山翠，闲云来竹房。"司空曙《题暕上人院》："闭门不出自焚香，拥褐看山岁月长。雨后绿苔生石井，秋来黄叶遍绳床。"王建《赠卢汀谏议》一诗有"青蛾不得在床前，空室焚香独自眠"之句。宋代林正大的一首词作，把焚香的出世气息和意境，提升到极高的层面："手披周易，消磨世虑坐焚香。缥缈烟云竹树，迎送夕阳素月，胜概总难量。"程垓的词作，则突出了焚香可以在休闲之中安享静和之福："薄薄窗油清似镜。两面疏帘，四壁文书静。小篆焚香消日永。新来识得闲中性。"

由上引诗词之作不难看出，焚香所体现的高雅之气，往往与宁静致远、淡泊明志息息相关。这是无数人倾慕而难得的状态，有志于此者，不妨从焚香开始而寻求日有寸进。

行文至此，我突然产生了一个念头：如果有谁愿意以"焚香"为主题，搜集古代诗词中的名段佳句结集出书，或许对于喜爱香道的各界朋友就增加了一个学习和体味传统文化的途径。

在开篇处我曾写道丰年嘱我为《华夏香谱——丰年古法合香集》一书写序，我不知该如何落笔。而几经思考，慢慢写来，居然也写了几千字了。前后自省，不觉莞尔。厚颜借用明代大才子唐寅的《题画》诗为自己解嘲："最是诗人安稳处，一篇文字一炉香。"我不是诗人，也未曾焚香开笔，涉及香道居然也啰唆不休。实在是因为它的内涵太过丰富，一旦置身其中，就会发现有意思的话题真是不少。

为了写好这篇序言，争取少说外行话，我和丰年多次以信件沟通，其中更多的是我向他学习和讨教，我也曾上网搜索丰年及其事业的相关信息。在这个过程中，我对丰年的了解增进很多。他不再仅仅是与我有交情的同村"小老乡"，而且是一位具有文化追求、勇于开创新局面的香文化的传承者。多年来他一直致力于传统香文化的挖掘、传播与交流，在从事多年的陶艺创作过程中，各种机缘巧合，结识了众多香家、中医以及宗教学术、非遗传承人等各种"路数"的专业人士，并在互相交流、切磋的基础之上，挖掘、整理了很多濒临失传的古法香方，恰逢疫情防控的三年，有较多空余时间，他把此前使用多年的"雅集讲座"课件加以梳理和完善，《华夏香谱——丰年古法合香集》因此而成书。可以说，这是丰年多年的心血结晶。从网络信息来看，"丰年·书香器"的艺术名头，已经有了很大的影响力，而且"丰年古法合香技艺"已申请为非物质文化遗产项目。真心为他的事业有成而感到高兴。

在丰年团队的不断挖掘整理下，丰年古法合香常规品种有宫廷用香、宗教用香、祈福用香、民间用香、药理用香等五大类 80 多款产品，在丰富了合香市场的同时，也为爱香、用香的社会群体，贡献了一笔价值独特的财富。

中国道教书画院会员、关公庙道长清玄道人为本书题写"豐年古法合香集"

《华夏香谱——丰年古法合香集》所记载的每一款合香，都结合典籍原文做了详尽的介绍，图文并茂地讲解了每一味香材的属性、功能与药理，从"君臣佐使"的角度分析解说，不但适合专业人士阅读，更适合初学者入门使用。

在写序言的过程中，我还欣喜地发现：在丰年整理推出的多款香名中，霍然有"东莱散人香""优游山人香""丰年·文峰山下香"三个名号。这里用的是丰年的三个"字号"，这三个字号，均从我们老家的古称和山名化出，这就和开篇处所说我和他有浓烈的乡土情怀相一致了，也是我的序言写得太长的一个遁词。

衷心希望各位读者喜欢这部著作。

孙家洲

2024 年春日写于北京

自序

我是丰年，因家族传承的缘故，从小耳濡目染，又加之自身喜好，于是深耕于传统文化之中数十载，痴迷而陶醉……

制香技艺源于儿时跟姥姥一起配伍的端午香、祛疫散、四合熏衣香等民间基础的配伍方式，从事陶艺工作后，又接触了香炉需求者的香炉定制，其中不乏宗教人士和博物馆工作人员、香道爱好者们的特殊定制，于是逐渐研究其中并热爱其中。

随着对香炉的不断深入了解与开发，实体店内香炉品类也越来越丰富，客户的问题与需求也越来越专业。2008 年前后，为满足广大客户需求，开始组织雅集讲座，搭建了一系列的专业香道讲座与实操活动，合香知识逐渐有了雏形，慢慢形成体系。

白驹过隙，2019 年适逢天下大疫，寰宇上下混沌众生，在海外陪读的我无法回国，百无聊赖之际用古法配伍了"宫廷避瘟香"（此香主要作用于上呼吸道的预防保健效果），身边亲朋知道后纷纷来找我要，并聊到何不把之前所学所掌握的相关知识，整理出来，给大家提供一些专业参考。

　　考虑数日，觉得可行，一是我外语极差，整日宅家，爬格子总比躺平强；二是外网便于查询更为全面的香料信息；三是古典籍香方中很多香材是舶来品，身边西亚的朋友可以帮我把古译本、典籍记载等资料中音译的香材直接、快捷、准确地翻译，破解了不少困惑国内香友、专家多年的困惑。遂提笔码字，把近10年来关于合香的课件、讲义整理成册，并整理法古了历代著名合香集合，编纂了这本《华夏香谱——丰年古法合香集》。

　　《华夏香谱——丰年古法合香集》一书的编纂立意是方便广大香道爱好者的使用说明，从现今市场需求出发，分类成组了男士用香、女士用香、学生用香、上班族用香、情侣用香等；从渊源角度细分成组了儒-文人雅士香、释-佛教用香、道-道教用香、宫廷用香等；从材质方面细分成组了经典木香系列、经典花香系列、经典草香系列。这样一来，也为广大香道爱好者提供了一个便于查询、学习、临作的册集，书中用白话文言简意赅、由浅入深地做了解析，并图文并茂地穿插、列举了历代香炉制式、焚点方式、从学术角度充分解析了合香的功效、配伍与实操。

　　丰年古法起草，焚香遍漫东南。一炷青云直上烟，优游半日心闲。

　　揉捻炮捣磨煎，君臣佐使为先。天光衾影祥云上，香降福瑞人间。

　　首次编纂，纯属摸石头过河，感谢一直以来鼓励我的家人和朋友们。

　　最后，借用我柴烧窑宣传片中的一句口号来做结束语：中华五千年，薪火永相传！希望这本书能让古法合香的中华传统文化传播开来，让古老的手艺薪火相传。

目录

卷一　古法合香

卷二　单方香

卷三　香器

卷四　香事

后记

卷一　古法合香

瑶池降瑞香

瑶池是古代汉族神话传说中昆仑山上的池名，相传是西王母所居之地。《山海经校注》上曾经记载，"西王母虽以昆仑为宫，亦自有离宫别窟，游息之处，不专住一山也"。春秋战国典籍《列子·周穆王》记载，"遂宾于西王母，觞于瑶池之上"。《史记 大宛列传》记载"昆仑其高二千五百余里，日月所相避隐为光明也。其上有醴泉、瑶池"。

清·彭旸《瑶池祝寿图》

瑶池降瑞香在历朝历代多为宗教场所使用，传说瑶池之水由圣水炼化，洁净成云，光布天地，降瑞人世间，后被世人广为传播，流传至今。

古人将对神灵的敬畏和感恩，用虔诚的心去祈祷，通过祭拜祈求传说中的瑶池王母等众仙，焚点"瑶池降瑞香"香烟袅袅升腾空中与云朵交融，从而将美好愿望传达至瑶池天庭来感动众仙，降下祥瑞。而现代人日常焚此香，主要有助于凝神聚气、健康身心。

瑶池降瑞香配方如下：

檀香、金沙降、丁香各七钱半，沉速香、速香、官桂、藁本、蜘蛛香、羌活各一两，山柰、良羌、白芷各一两半，甘松、大黄各二两，芸香、樟脑各二钱，硝六钱，麝香三分。右为末，将芸香、脑、麝、硝另研，同拌匀，每香末四升兑柏泥二升，共六升，加白芨末一升，清水和，杵匀造作线香。

九天太真香

上登九天阙，携手结高罗。香烟散八景，降真荡万魔。

九天太真香，看名字就可知此香是一款道家用香。

九天太真香在影视剧或小说中被称为"九天荡魔香"，想必是"荡魔"二字更吸引观众、更具武林神话之气氛罢。其实此款香远不仅限于芳香辟秽、降魔除弊，更有除冷顺气、辟瘴疫等功效。

不管是"九天太真香"还是"九天荡魔香"，这两种称谓中都有"九天"二字，那么什么叫"九天"呢？

九天即传说中的"九重天"，出自《淮南子·天文训》：天有九野，何谓九野？中央曰钧天…东方曰苍天…东北曰变天…北方曰玄天…西北方曰幽天…西方曰颢天…西南方曰朱天…南方曰炎天…东南方曰阳天。

中国道教中更是在此基础之上细化：一重天为星官府，住着二十八宿，分别是角、亢、氐、房、篁、参、井、鬼、柳、星、张、翼、珍值日星官。二重天为雷神居住的霹雳宫。三重天即上个香方所述的瑶池。四重天为天马居住地。织女栖身在五重天。六重天为哪吒、李天王等官高位显之仙所在地。七重天住着四大金刚。八重天是兜率宫。九重天为陶养殿，传说中的玉帝的寝宫。

禅意大写意画家
近僧为本书创作
《心到神知》

在了解了什么叫"九天"以后，就可知这里的"九天"只是一个概数，意为功效覆盖之广，香气飘散之高远。

明·道家《水陆画》

再说"太真"。《全后汉文·傅毅〈舞赋〉》中记载："启泰贞之否隔兮，超遗物而度俗。"李善注："太真，太极真气也。"《子华子·阳城胥渠问》："太真剖割，通之而为一，离之而为两，各有精专，是名阴阳。"

道教的香文化博大精深，蕴含着形而上的精神哲理与形而下的应用科学。主要体现在斋醮焚香、养生修行等方面，九天太真香作为较早的一款道家香，开辟并汇总了道家用香的四大主要功能：

1.（通神）祀祖供圣，是一种礼仪的表达手段；

2.（预防）祛疫辟秽，是中医中草药的重要组成部分；

3.（养心）安心养身，是道家修行养生的必备用品；

4.（安神）启迪才思，是文人雅士学习、创作、禅修的极佳伴侣。

本书的九天太真香香方迄今为止，大概是国内线上线下可考资料中最为详尽的一份了。

本香所需香材为：降真香、苍术、丁香、藁本、零陵香、大黄、木香、茅香、川芎、香附、藿香、甘松。

《史记》中对制作的要求为：用甲子日攒和，丙子日捣末，戊子日和合，庚子日印饼，炼蜜为丸，楠木为线香皆可，壬子日入盒收起窖藏，窖陈醇化愈久弥香。

注：古法香方配伍中，1分=0.5克，5分=2.5克，明清之前的方剂，可以按照1分=0.3克计算，5分=1.5克。

卷灰寿带香

"卷灰寿带香"是香道历史上（有史可考）"线香"的鼻祖。

宋代《清明上河图》中的香铺和香学专著《香乘》中，记载有多种线香香方，其中就有一方"卷灰寿带香"，其传入日本后成为日本流行的名香——寿带香。

清·冷枚《春闺倦读图》

民国时期出版的小说《留东外史》（以中国留学生在日本生活为内容的小说）中，描写了主人公使用寿带香的情景："下女买了些日本有名的寿带香来，点着，将窗户关上，一点风没有。那香烟，钧没有风来荡动它，便一缕一缕地从火星上发出来，凌空直上，足有四尺多高，火力不继，才慢慢地散开来，袅作一团。有时化作两股直烟，到顶上复结作一块。"

《香乘》中对卷灰寿带香的记载是：檀香六两、速香四两、片脑三分、茅香一两、降香一钱、丁香二钱、木香一两、大黄五钱、桂枝三钱、硝二钱、连翘五钱、柏铃三钱、荔枝核五钱、蚯蚓粪八钱、榆面八钱。右共为极细末，滚水和作绝细线香。

此香为古法药香中的经典配方，人们通过对芳香分子的吸收，调整机体平衡、鼓舞正气、抵御外邪；同时，香气能刺激血液循环，加速新陈代谢，使人体相应器官分泌出有益健康的激素和体液，增强人体的免疫力和肌体活力，有效防治各种疾病的产生。

卷灰寿带香燃烧时香灰的卷曲效果

以类草堂香

这是以作者书房名"以类草堂"命名的一味香，定调功能为文人用香，适合大众在书房、茶室等文人场合使用，因此本香取法于合香"二苏旧局"的功效香方。

"以类草堂"书房牌匾

二苏指苏轼、苏辙兄弟，是宋代大文豪、书画家、诗人，也是宋代玩香名手，他们都有自制香品的记载。"以类草堂"是作者的书房名，取"物以类聚，人以群分"之意，更有"谈笑有鸿儒，往来无白丁"之铭，把此二者融而为一，就是想合一款真正的、适合现代文人雅士群体使用的既能放松身心，也能舒缓才思的一款芳香。

在古代，中国的文人雅士就对香文化情有独钟，这种独特的文化现象究竟源于何处？为了揭示这个谜团，这里带大家深入探讨古代香文化的起源、演变以及其在中华文化中的自信力所体现的深刻内涵，然后再归纳、配伍香方从而更准确地把握文人雅士们的喜好。

香文化在中华传统文化中占据着特殊而重要的地位，其起源与古代文学巨匠、中华民族的特殊体质、文人雅士的独特追求密不可分。

中国的香文化并非仅仅是对香气的追求，更是一种对美好事物、高尚品质的追求。这种独特的审美情感最早可以追溯至古代文学巨匠屈原的作

赵孟頫《西园雅集图》

品中。在他的《离骚》《九歌》等作品中，香草和美人的形象频繁出现，被视作品质高洁和品德高尚的象征。

中华民族在生理上与其他民族存在显著差异，90%以上的中国人没有狐臭，这使得中国人在对香味的追求上走上了与世界其他国家和地区截然不同的道路。不需要用香味掩盖体味的特殊体质，使得中国的香文化从本能的朴素追求逐渐上升为高雅的志趣。

古代文人雅士为香文化的传承和繁荣作出了巨大贡献。他们将香文化发展得更为复杂，包括香具、香谱、香料、香席等一系列内容，将追求香味儿的简单本能上升为一种高雅的艺术追求。这使得香文化成为文人雅士们展现自身品位和生活地位的重要方式。

由此可见，香文化并非仅仅是熏香，更是一种涵盖多个层面的文化现象。香文化中的烦琐和昂贵，正是古代文人雅士们通过对事物的独特追求，将其提升为一种高雅的志趣。这种复杂性与连贯性使得香文化能够在中国连续传承数代，成为中华传统文化的重要组成部分。

通过对香文化的深入解读，我们更能够理解古代文人雅士们为何如此钟情于这一独特而高雅的文化现象。

香文化，不仅是香气的飘逸，更是中华文化自信的象征。因此，在遵循文人雅士用香的古法基础上，要重点注重香材的选品和工艺把关，古法

"二苏旧局"制作方法为：沉檀为君，乳香和琥珀为佐使，合出此香。"以类草堂香"在二苏旧局香的基础上，细分了沉香，即：越南"惠安沉香"，香韵带凉，有甜味，较通透，有的含有水果或花香，感觉上味道是成丝状，其原材通常以虫漏居多，故香韵中的穿透力，给人以通达之感，闻后令人舒怀畅意；"星洲沉香"，韵味醇厚、醇和，带甜无花果香，其原材生结平和而熟

赵佶《文会图》（局部）

结张扬。如此，既丰富了沉香的花果香，又增添了香韵的穿透力与厚度感。檀香、乳香是二苏旧局原香方中必备香材，在此基础上本香添加了琥珀粉、桂花、甘松、零陵香、茅香、玄参、丁香皮、藿香、香附子、香白芷等十味香材，使得整款香味道丰富醇和。初味花草香清逸悠长；中味较长的花果香绵软持久；尾香木脂味明显劲道、韵味醇厚，是一款不可多得的室内用香。

或倦倚读书，或挥毫涂鸦，抑或品茗闲谈时，燃一炷"以类草堂香"，香烟袅袅，淡淡药香，幽香四溢中尽显文人的风骨，正所谓：茶香墨韵，书里芳华。心游神驰，好不自然！

之前聊文人雅事，反复提到过"烧香点茶，挂画插花，四般闲事，不宜累家"，焚香作为四大雅事之首，渗透着宋代文人的生活品位和美学追求。

文人四季，传统美学，在阵阵香风间，是先人对于生命意义的理解和尊重，也是丰年古法香集为如今忙碌的人们提供的一种具有审美意味的生活方式。

优游山人香

童年的回忆，就像被定格在了某一个瞬间，有温柔的风、蔚蓝的海和治愈的天空，而这一切，都是在我爬上优游山后的所见所闻所感。

"优游山人"的由来：

我祖籍山东莱州"优游山"脚下的东宋村。从小嬉戏玩耍都在山上山下，可以说这座海拔不高的小山每一个角落都有我深刻而难忘的回忆。

优游山海拔116.1米。南北2000千米，东西1500千米。传说，宋太祖赵匡胤路经此地，曾登临山顶，北望大海，见水天相连，碧波荡漾，鱼鹰戏水，风光绮丽，南视大地，一马平川，村庄棋布，禾苗油绿，遂赞道："优哉！游哉！"故得山名优游山。

前面提起过，姥姥家的香方众多而又杂乱，很多香方因为姥姥年迈，早已记不得名字了，这也正好有了我发挥的空间。

姥姥怀抱中的作者

起名此款香为"优游山人香"，立意明确，就是想配伍一款浓烈、含有浓浓乡情的熏香，这款香中，有山花香、有山林韵、有大海味，更有人间烟火气。

优游山人香香材为：

沉香（土沉、水沉各一）、檀香（澳洲檀香、印度老山檀各一）、龙涎香、麝香、降真香、崖柏、玉龙、甲香、艾草、山菊、楠木粉。

儿时的悠游山，物产还算是丰富的，因依山傍海，此香方中的多数香材还是可以就地取材采得到的，海产香材也是唾手可得。

艾草的香味是我儿时对草药最原始的记忆。在我们老家，"艾蒿"是个总称，因为老家有"清明揺柳，端午插艾"的习俗，因此，端午节家家户户在门上插艾，以红绳系之，用来避邪，驱逐蚊蝇，而上山采艾草就是我们小孩的任务啦。印象中采回去超级多"艾蒿"，后被家长一一分离出艾与蒿，一边分一边叮嘱艾和蒿的区别，主要是性质不同、高度不同、叶子形态不同。

（1）性质不同。艾草是属于菊科蒿属植物，多年生草本或略呈半灌木状，植株有浓烈香气。蒿草属于植物类，可食用，也可常用于配料。

（2）高度不同。蒿草的高度要矮一些，主干也比较细小。

（3）叶子的形态不同。蒿草叶的表面，会有一层白色茸毛，柔软而光滑，叶片小，其周围的锯齿纹路深，整个叶片呈狭长状；而艾草叶的表面为灰绿色，白色茸毛在背面，其叶面宽而肥大，叶片相对于蒿草更宽大，叶片周围的锯齿也小得多。

（4）功效不同。虽然都有艾香味，但功效不同。

沉香、檀香、龙涎香、麝香、降真香，这五大名香坐君，浑霸之气立现、崖柏为山林木的代表、野菊花与艾草代表花草香、玉龙则是山虫的代表、海的气息除了有龙涎香坐镇外还佐以甲香，"君臣佐使"配备堪称豪华，使得这款香既有文化又有内容，既符合香理又突出情怀，芳香馥郁、底味绵长。在复刻整理与创作的众香方中，优游山人香不管是香材运用还是香味特点上都可谓是佼佼者，这也可能是真的融入了情感的缘故罢。

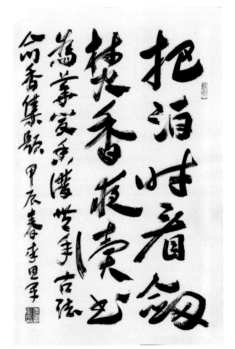

中国大风堂艺术研究院副院长—李恩军为本书题写王羲之名句"把酒时看剑，焚香夜读书"

远离尘世自飘香，笑傲秋霜遍地黄。

蜂寒蝶冷山野里，岩石幽谷吐芬芳。

野菊花的香味是儿时花香的代表，每每开放，漫山遍野，优游山野孩提嬉笑追逐。

故此香烟俨垂云间，有花草香、有山林韵、有大海味，更有人间烟火气。

玉堂清霭香

"奎壁光生云汉晓，芝兰香霭玉堂春"，在古代，无论是文人雅士还是富贵人家，玉堂之上、生活之中，都离不开焚香、插花、品茗、挂画这四般雅事。

焚香，更贯穿墨客雅士生活的点点滴滴。嗜香者，不可一日无香也。

宋代连文凤《烧香》诗云："坐我以灵室，炉中一篆香。清芬醒耳目，余气入文章。"

乙亥·孔小瑜《玉堂富贵》

不同的时候，香气扮演着不同的角色。玉堂清霭香是严格参考宋代《陈氏香谱》而还原的一款历代经典之读书用香，这款香也称"金榜题名之香"，是历代文人墨客秉烛伏案苦读的良伴。

长夜漫漫，书卷沉沉，神思难免受到周公感召。香气，此时无疑是读书人最为亲近的清醒剂与精神伴侣。明代周嘉胄著《香乘》卷廿五录有"窗前省读香"，其配方与此款香方近似。

此方出自《香乘》，原文载：

沈速香、檀香、丁香、藁本、蜘蛛香、樟脑各一两，速香、山柰各六两，甘松、白芷、大黄、金沙降、玄参各四两，羌活、牡丹、官桂各二两，良姜、麝香三钱。右为末，入焰硝七钱，依前方造。

通过以上近20味香材的详细介绍，不难看出，此款香方配伍之豪华，既有醒神补脑的麝、樟，又有极为昂贵的速沉、金降，难怪当年书生金榜题名后还对其念念不忘，成为玉堂之上的上上品。正所谓"玉堂浮瑞气，金室耀祥光"，沉香、金降的馥甜，檀香的花香曼妙，与樟脑、羌活、牡丹等花草香气融合，真正的"玉堂一街，如在天上；金沙千步，疑非人间"也。

综上所述，玉堂清霭香既具备文人香的气质又有宫廷香之特点，香气冷峻能敛去浮躁，意蕴深长，华而不俗，清幽沉静能静心；亦可洗去浓酽的存在，雅致而大气，清澈纯然，使人仿佛身处竹林溪涧之间，静静地呼吸此间飘散着香雾的空气，悠然自得，挂在心间的思虑也被香气疏散。此香既可提神开慧，又有导气归元之功效，既可礼佛慕古，亦可彰显馥郁华堂。

春宵百媚香

十几年前的一部现象级的清宫电视剧《甄嬛传》，甄嬛、华妃、安陵容等一众角色深入人心，而其中涉及的香道文化更是引起众多追剧爱好者和传统文化爱好者的兴趣。

至今人们仍然津津乐道剧中对剧情具有重要作用的各种香品，比如令华妃不孕的欢宜香，造成甄嬛小产的、加了麝香的舒痕胶，还有后宫"调香大师"安陵容为争宠所调配的鹅梨帐中香，等等。

其中非常令人好奇的，大概就是安陵容每天在寝殿中焚香，早上又命侍女偷偷倒掉的暖情香，它也是让安陵容获得皇帝宠爱的法宝。

"云鬓花颜金步摇，芙蓉帐暖度春宵。春宵苦短日高起，从此君王不早朝。"在古人的调香世界里，真的有这样神奇的香吗？

在古籍《香乘》中有一道与暖情香相似的"春宵百媚香"的香方：

母丁香二两（极大者），白笃耨八钱，詹糖香八钱，龙脑二钱，麝香一钱五分，榄油三钱，甲香（制过）一钱五分，广排草须一两，花露一两，茴香（制过）一钱五分，梨汁，玫瑰花五钱（去蒂取瓣），干木香花五钱（收紫心者，用花瓣）。各香制过为末，脑麝另研，苏合油入炼过蜜少许同花露调和得法，捣数百下，用不津器封口固，入土窖（春秋十日，夏五日，冬季十五日）取出，玉片隔火焚之，旖旎非常。

《香乘》中说此香香气旖旎非常。本书根据《香乘》中记载的古法，精选天然香料如下：

①母丁香。（详见卷二单方香）

②白笃耨。色白而透明者，产于真腊（今柬埔寨），为名贵的香料。

宋代曾慥《高斋漫录》："薛昂言：白笃耨初行于都下，每两值钱二十万。蔡京一日宴执政，以盒盛二三两许，令侍姬捧炉巡执政坐，取焚之。"明代李时珍《本草纲目（金陵本）》第三十四卷木部（一）中对笃耨香记载："笃耨香出真腊国，树之脂也。树如松形，其香老则溢出，色白而透明者名白笃耨，盛夏不融，香气清远。"

仇英《燕寝怡情图》其一
（美国波士顿美术博物馆藏）

③詹糖香。为樟科山胡椒属植物红果钓樟的枝叶经煎熬而成，炮制后具有祛风除湿、解毒杀虫之功效。主治风湿，恶疮，疥癣。《本草经集注》记载："此香皆合香家要用，不正入药，惟疗恶核毒肿。詹糖出晋安岑州。上真淳者难得，多以其皮及蠹虫屎杂之，惟软者为佳，余香无真伪而有精粗尔。"《新修本草》记载："詹糖树似橘，煎枝为香。似砂糖而黑，出广交以南。"

④龙脑香。（详见卷二单

方香）

⑤麝香。（详见卷二单方香）

⑥榄油。即橄榄油，选用新鲜的油橄榄果实直接冷榨而成，不经加热和化学处理，保留天然营养成分。颜色呈黄绿色，气味清香，素有"液体黄金"的美誉，具有延缓衰老、改善消化功能的功效。

⑦甲香。（详见卷二单方香）

⑧广排草须。指两广地区产地的香排草须，又名：排香、排香草、香草、排草、毛柄珍珠菜、合血草、满山香。对感冒、咳嗽、风湿痹痛、脘腹胀痛、疔疮、蛇咬伤等有一定疗效。排草的根部芳香、味淡、性温，可润肠通便、解热镇痛等。

⑨花露。（详见卷二单方香）

⑩茴香。（详见卷二单方香）

⑪干木香花。木香花属蔷薇科，全国各地均有栽培，富含芳香油，可供配制香精化妆品用，是著名观赏植物，适作绿篱和棚架。根和叶入药。有收敛、止痢、止血作用。

以上各味香材可共同研磨。樟脑香、麝香单独研磨，加入苏合油及炼蜜少许，与花露调和，捣制数百下，用不吸水容器密封入窖，春秋两季窖十日，夏季五日，冬季十五日，取出后，用玉片隔火焚烧，香气异常多彩。

仇英《燕寝怡情图》其二
（美国波士顿美术博物馆藏）

这款春宵百媚香浓郁而不腻，可以作为室内香熏、卧室香熏来使用。

五路财神香

在古代民间，人们受传统五行观念的影响，认为天地广阔，拜五路财神，就是收尽东、南、西、北、中五方之财的意思。

因此，自古流传下来的每年的正月初五送穷神、祭财神的习俗，寄托了劳动人民辟邪除灾、迎祥纳福的美好愿望。

关于五路财神，民间说法不一，流传最广的一种说法是：东路财神比干，南路财神柴荣，西路财神关公，北路财神赵公明，中路财神王亥。

清·五路财神赐宝（小校厂年画）

清人姚富君说："五路神俗称财神，其实即五祀门行中之神，出门五路皆得财也。"其中的五路即是指东西南北中五方，意为出门有五路神保佑可以得好运、发大财。五路财神都是吉祥神，也是民间吉庆年画中常见的形象，深受人们的崇拜。

祭拜五路财神，在我国广为流传，不论是道家还是佛家，不论是汉族还是一些少数民族均有供奉，比较著名的祭拜庙宇有：湖南南岳大庙财神殿、武汉归元禅寺财宝天王殿、拉萨扎基寺、北京白云观财神殿、北京潭柘寺财神殿、北京戒台寺财神殿、西安广仁寺财神殿、大理崇圣寺财神殿、扬州大明寺财神殿、栖霞太虚宫财神殿等。

五路财神香为招财香。其实，"招财"也并非莫须有的噱头。调整好自己的身心状态，心态积极了，情绪稳定了，自然能够做好各项事情，事倍功半的同时，对金钱的焦虑也会随之消失。懂得拒绝更多不舒服、不合适、不喜欢的，接受更多美好、舒适，并且自己也喜欢的，财富自然随之而来。

换句话说，焚点此香招财与否暂且不论，它真切地让人们体会到了纯植物香提升阳气的作用。脚底、手心、大椎、额头、头顶等均感觉温热而舒服，并不是闷闷的燥热，而是微微发汗的通畅感，心情也跟着变得通畅了许多。

所以，和气生财，保持心境的愉悦平和，才是内心财富力量的本源。

从五路财神香的香料成分上分析，此香以檀香、黄桧、甲香、桂花、龙脑这五味香料为主，主旨是以五方代五路，接引五气，主五路财神降临接引。

先贤们认为焚香是修养人格、培正念、降燥火、辅正行最便捷有效的形式。即如黄庭坚所言："险心游万仞，躁欲生五兵。隐几香一炷，灵台湛空明。"

作家林清玄先生曾说过："焚香是最奇怪的，不论何时，只要看到一炷香，心灵就有了安定的力量。"

武强木板年画《五路进财》

是啊，这安定的力量能使人静心、冷静、思考、敏锐，进而助事业更上一层楼，或许这才是真正的科学依据罢。

东阁藏春香

东阁藏春香源自明代景泰年间《晦斋香谱》中的"五方真焭香"。

五方真焭香将古代五行学说及四季时令结合在一起，以"东南西北中"对应"木火金水土"，五方香分别为"东阁藏春香""南极庆寿香""西斋雅意香""北苑名芳香""四时清味香"。

东阁藏春香原著夹批：按东方青气属木，主春季，宜华筵焚之，有百花气味。

清·刘奎龄《除夕焚香图》

东阁藏春香在《香乘》中的香方如下：

沈速香二两，檀香五钱，乳香、丁香、甘松各一钱，玄参一两，麝香一分，右为末炼蜜和剂作饼子用青柏香末为衣焚之。

香如其名，这款香的香气给人一种春天的气息，初焚前味带些许青苦味，随着温度的升高，如雨后大地之芬芳，中段香味如临倒春寒般，霎时清凉，泥土气息渐收，细细品闻有迎春、玉兰、桃李等花的烂漫尾香，所以说，"东阁藏春香"可以从香味中感受一整个春天，非是妄言。

这款香的配伍制作重点同样在于不同香材的炮制方法：

（1）沉速香。沉速香的炮制方法费时费料，年头不够结香不足的沉香如果这样煮一天，香味几近消失，所以不建议用太劣质的沉香制作这款香。书中所授方法是为了去除沉香香气中的小分子香气成分，留下最原始的香味，沉香的香气更加沉稳内敛、悠长，久久不散。

（2）檀香。本方需用炮制檀香，檀香（片）蜡茶清浸一夜，控出焙干，用米酒拌匀再浸一夜，慢火炙干，磨粉备用。

（3）乳香。去杂后麸炒，磨粉过筛备用。

（4）丁香。去蕾，盐水浸泡，阴干后焙炒，磨粉过筛后备用。

（5）甘松。去杂，去须梗，曝晒，磨粉，过筛。

（6）玄参。米酒浸泡炮制法（方法参考"西斋雅意香"），玄参易吸味儿，所以在炮制的时候尽量不要用金属器皿，以免吸附铜铝钢铁等金属味儿。

（7）麝香。按照古代君臣佐使的配伍方式，此方中麝香是起到药引子——使的功效，克重不宜过多，过多会起反作用，抢了主香的韵味。

"东阁藏春香"典籍图

以上香料配伍齐备后，用炼蜜合和均匀，捏成香饼，建议每枚约 2 克重，不宜太厚，太厚影响其芳香分子挥发，香饼半干时用侧柏粉滚裹后晒干（柏叶晒干后炭焙磨粉），至此"东阁藏春香"香饼配伍完成。此香建议罐装窖藏，窖藏的优点是地下微生物会更好地醇化合香的馥郁味。窖藏时间半月以上使用为佳，愈久弥香。

常焚"东阁藏春香"有助于疏通人体肝经，因为此香能使空间生机勃勃，春意盎然，因此舒肝悦心、解春困、驱除秽气，此外，还可醒神醒脑，有利于工作、读书、写作等事宜。

南极庆寿香

南极庆寿香是"五方真炁香"之一。

原著夹批：按南方赤气、属火，主夏季，宜寿筵焚之。

《香乘》原方：

沉香、檀香、乳香、金沙降各五钱，安息香、玄参各一钱，大黄五分，丁香一字，官桂一字，麝香三字，枣肉三个（煮去皮核）。研为细末，加上枣肉以炼蜜和剂托出，用上等黄丹为衣焚之。

需要注意的是，原方中的"金沙降"不是一些网络营销号所指的"金沙江沿岸所产之降真香"，了解金沙江及其沿岸地域的香友都知道，金沙江沿岸并不产降真香，因其气候条件与土壤特点均不合适降真香的生长。这里的"金沙"是指降真香的木质切面，其密度与油脂孔呈金沙状分布，把玩过文玩或爱好古董家具的朋友都知道描述小叶紫檀也有"满金星"之说法，这里的"金沙"亦是同一称谓。呈金沙状木质切面的降真香说明其密度大、油分足且带花蜜香。

韩敏《祝寿图》

另外，生大黄的苦味过于浓重，也需要炮制。米酒浸泡一天后捞出湿磨成粉即可，湿磨（冷磨）可以让大黄粉充分吸收酒味，也可以更好地去苦味儿，另外湿磨不易丢失芳香分子。

香方中的枣肉，因原方中须去皮去核，故应选肉质较多的品种。另外

宋·刘松年（传）《西园雅集图》（局部）

原方数量为三枚去核去皮的枣子，由此推断君臣佐使中此为"使"，所以，建议根据个人爱好在原基础上加枣花蜜炼蜜配入。

香方中的黄丹为铅，经过炮制后，呈橘黄色的粉末物质。在《齐民要术》等书籍中，用作敷粉，也可作染色原料。在画画中也作颜料，《本草纲目》中记载：黄丹，凉，无毒，镇心安神，疗反胃、止血及嗽嗽、敷金疮长肉及汤火疮，染须发。

此香方是道家用香，黄色在道家为至上色彩，又因此香方名为南极庆寿香，结合"五行真气图"按南方赤气、属火，主夏季，宜寿筵焚之，就会更直观地理解了，不管是五行色彩还是中国传统文化习惯用色，黄色都是吉庆寿诞必有的色彩，就连传统绘画中的寿星老的道袍都是这个颜色。

这款香改成线香，很简单，就是在原配方基础上按照之前讲到的比例配伍楠木粉即可。配伍制作后的"南极庆寿香"线香呈橘黄色，香烟袅袅，香韵高洁清远，春意盎然中显清幽明静，气味和谐，香味醇厚，闻之令人愉悦。

西斋雅意香

西斋雅意香是"五方真炁香"之一。

原著批：按西方素气，主秋，宜书斋经阁内焚之，有亲灯火阅简编，消酒襟怀之趣云。

原方如下：

玄参酒浸洗四钱、檀香五钱、大黄一钱、丁香三钱、甘松三钱、麝香少许，右为末，炼蜜和剂作饼子，以煅过寒水石为衣焚之。

"西斋雅意香"古籍图片

刘松年《秋窗读易图》

五方真炁香中，西斋雅意香方尤为难调。如按照古方如法炮制，其气味很难被现代人的嗅觉所接受，法古而再创要符合秋雅意深、斋静高远的清玄主旨，故想制作此香，须慢工细活，不可半点儿马虎，否则不得其味儿。

除了"东阁藏春香"和"南极庆寿香"中的注意事项外，还应注意，方中的酒浸，尽量法古用黄酒或米酒，因为古代没有蒸馏酒，都是固态发酵酒，所以，千万别被误导用酱香酒，认为发酵酒里的活性成分更容易与香材有机酶化，使味道更馥郁。

在本方中，寒水石是硫酸盐类矿物芒硝的晶体（详情查看单方香"芒硝"），这里加入寒水石是兼用它"清热降火，利窍"之特点；而檀香、甘松、丁香等均为健脾开胃的良药，有纳谷消食之功效。中医认为脾乃后天之本，气血生化之源。脾胃强健，水谷得运，气血充旺，方得身轻。所以用香养脾被古人视作养生之本。

《香乘》所录《晦斋香谱》中的"五方真炁香"是依据中医四时阴阳沉降的配伍规律合成的药香。其中这款"西斋雅逸香"在秋季焚熏功效加倍。

成都青羊宫道观秋景

此香滋阴润燥、降火清热、清咽利喉，因为有静心提神之功效，被很多工作学习的朋友常用于办公场所或书房。另外，此香还具有除秽、强身健体的功效，所以也是很多高档会所、瑜伽馆、健身房的常备之选。

北苑名芳香

北苑名芳香是"五方真炁香"中一款主冬季之香。

其原著夹批：按北方黑气，主冬季，宜围炉赏雪，焚之，有幽兰之馨。

《香乘》原方：

枫香二钱半，玄参二钱，檀香二钱，乳香一两五钱，右为末，炼蜜和剂加柳炭末以黑为度，脱出焚之。

《晦斋香谱序》

整理到这里，想到自己之前走过的弯路，因此要多赘述一些内容，把一些法古小常识分享给大家，供参考。

（1）材料的先后次序影响香感。

（2）古香方的成香年代所使用的度量各不相同，唯明清重量差不多。宋：一两＝40克，一钱＝4克；明清：一两＝31.25克，一钱＝3.125克，一分＝0.3125克；古香方所载"一"字是将当时所流通的货币——铜钱用香粉末填平，以填平钱面一字厚度的量为准。所以此款方的量按宋制克重换算出来应是：枫香10克，玄参8克，檀香8克，乳香60克。

（3）玄参，拟幽气，原香方中并不曾言明此处玄参的具体炮制之法，但解读整个"五方真炁香"香方组合，本香集采用了两款都走"甜美"路线的树脂香——枫香脂和乳香，而檀香亦有如奶香，因而此香方中，玄参起的是调和香韵（拟幽气）的作用。

文中提到"焚之，有幽兰之馨"，因而玄参取味不在甜，而在于酸。因为"幽兰"香气虽馥郁幽远，便绝不是甜香，故而此香方中，玄参的炮制同"赵清献公香"，为洗、泡、煮软、切片、小火焙干，去其甜度，留其酸味。

玄参，是众香方中较常见的香材，不同的香方取不同的香韵，炮制之法亦不同，在《香乘》中，玄参亦有其他数种炮制之法："衙香七"中是以甘松同酒焙；"僧惠深湿香"中是米泔（即淘米水）浸二宿；"梅蕊香"中是切片，入焰硝一钱、蜜一盏，酒一盏，煮干为度，炒令脆，不犯铁器；"百花香"中是洗净、槌碎、炒焦；"西斋雅意香"中是酒浸洗；等等。总之，法古制香法古而不泥古，具体制法，需要根据实际情况灵活运用。

（4）在本香方中，柳炭末，顾名思义，是用柳树制成的炭粉，闻之有淡淡的清香气息。"以柳炭末为衣"其目的是因为原方中所含树脂成分多，

元代·钱选《松荫消夏图》立轴

加热后使用柳炭末包裹，在窖藏的过程中，香材与地下微生物之间相互合和，使气不泄。

北方五行属水，主冬季，色为黑。以黑为衣，可以解释的缘由颇多。但凡炭末入香，均有去味、降烟气、助燃，借色的作用。

原著香方中夹批"加柳炭末以黑为度"，可知柳炭末在此处，取借色之用。

此款香尤其适合于手炉使用，具体使用方法如下：

（1）手炉不拘，或金或铜或景泰蓝，需有盖者。

（2）燃香碳，至碳上下燃透、颜色通红且没有明火止。

（3）将香炉灰均匀铺满整个手炉的四分之三，中间留一凹槽，将燃好的香碳放置其中，轻轻掩埋，稍等片刻，用手在上方试探热度，以确认香碳继续燃烧。

（4）取一枚"北苑名芳香"香饼，搁于香炭上方的炉灰上，待幽兰之馨逐渐氤氲弥漫开来，便可盖上盖子，提着手炉去廊下赏雪观梅了。

传统香的炮制方法有很多，常用的方法有以下几种：

（1）物理修制：拣、摘、揉、刮、筛、切、捣、碾、镑、挫等，主要是清除杂质、多余的水分、变质的部分及其他非入香所用的部分，以满足入香的要求，如零陵香须去除枝梗用其叶，龙涎香需要清除其中的砂石。

（2）水制：洗、漂、泡、浸、水飞（制没药），如茅香需要酒蜜浸、香附需要盐水浸。

（3）火制：炮、煅、炒、烘、焙、炙，区别在于火候的大小，及是否需要其他材质共同炮制。

炒：根据需要有清炒和料炒之分，火候上有"炒，令黄""炒，令焦"等。

炙：是用液体辅料拌炒，使辅料渗入和合于香材之中。根据所加辅料不同，可分为酒炙、蜜炙、醋炙、盐炙、姜炙、油炙六法，制香中常用的辅料主要有蜜、梨汁、酒等。

炮：是指用武火急炒，或加沙子、蒲黄粉等一起拌炒；炮与炒只是火候上的区别，炮烫用武火，炒炙用文火。

（4）水火共制：包括煮、蒸、滩、淬等。

煮：是用清水或液体辅料与香材共同加热的方法，去其异味。如制甲香，即须先用碳汁煮，次用泥水煮，最后用好酒煮。或用米泔水浸多日后，再用米泔水煮，待水尽黄气发出时收，凉后再用火炮。

蒸：是利用水蒸气或隔水加热香料的方法，为清蒸；也可加辅料蒸。蒸的火候、次数视要求而定。此法既可使香材由生变熟，也可调理药性，分离香材，如"鹅梨帐中香"采用的主要手法便是蒸。

滩：是将香材快速放入沸水中短暂潦过，立即取出的方法。

淬：是将香材煅烧红后，迅速投入冷水或液体辅料中，使其酥脆的方法。

中药香料配伍图

北苑名芳香香气清幽温润，倡导气血，充实精神，提神避疫，净化环境，围炉煮茶，焚香取暖时，能暗香浮动满室如春也。

文人雅士香

中国熏香文化有数千年历史，宋元明清更因文人雅士的广泛参与而绚烂多彩，吟诗颂香、启迪文思、参禅品香、雅集斗香都是文人雅士参与用香的方式，对香文化的发展起到了至关重要的推动作用。

1. 吟诗颂香·启迪文思

能够品鉴、懂得品香的人群，首先是有学识、见识、智识的人群。

学识，是一切事物的基础，没有学识，就无法获得任何知识。有了学识才能广泛地理解和应用各种领域的知识。

见识，指的是一个人对世界的观察、理解和体验，以及对不同事物的认识和洞察力。它涉及个人的经历、见闻、阅历和人际交往。

明代·杜堇《古玩图》

智识，则是指人们在处理问题、思考和决策时所运用的智慧和认知能力。它包括逻辑推理、问题解决、创造性思维和批判性思维等方面的能力。

掌握学识、见识、智识的这类人，才真正地归为"文人雅士"，而有学识、有见识、有智识，吟诗颂香便是常态之事，香烟袅袅方启迪才思。

"独坐闲无事，烧香赋小诗"，吟诗咏香是文人雅士品香后的风雅见证。文人的焚香活动从嗅觉、视觉、触觉、听觉全方面地体察香与周围环境所共同形成的意境，并通过自身敏感细腻的感受力将其主观地升华静坐为一种情感体验。

明代·杜堇《柽居图》

对于风雅的文人而言，不同的香所含有的微妙气息是有语言、有灵魂的，不管是伏案疾书，还是潜心创作绘画，燃一炷香，烟如云般袅袅升起，呈现碧色，又慢慢散开，一缕一缕变化成细雾上升，凌空而去，随风缥缈，在悠然的香气中启迪文思、幽静阅读、参悟道法、消解尘缘。

2. 品香悟道·芳香避秽

文人雅士的用香、品香也是医药文化的智慧结晶，他们通过君臣佐使的配伍来使药理、香理相通，用香的学习和涵养修持之后升华而成的一种生活诗意和美感，是内化后的精神提炼。

《大学》曰："静而后能安，安而后能虑。"焚香习静，读书明理，以香养德，净化心灵，此即是中华香文化灵魂之所在也，亦文人香事之根本也。

宋代文人雅士好香者，多识草木

香药，如丁谓、苏轼、黄庭坚、陆游、范成大等皆此中通家。

被誉为香圣的黄庭坚在《乙酉宜州家乘》记录了他被谪广西宜州的晚景日常，其身体有恙时便自己开药治病，亦时常为宜州百姓"作草"。所谓"作草"便是根据诊断为人开药方治病，原本在江南富庶处黄庭坚并没有给人开方治病的习惯，然而广西贫苦者众，忍不住施救病贫百姓，故于日记中感慨曰："余住在江南，绝不为人作草，今来宜州求者无不可。"可知黄庭坚深谙本草药性，精通岐黄。

香药自古便是同源，黄庭坚好香知药便也不足为奇哉。故擅传统和香者，必须知晓本草香药，芳香、辟秽，因时而异，各取所需，对宋代以来文人用香，也产生了颇为深远之影响。

3. 燕居焚香·雅集斗香

燕居焚香是古代文人生活的真实写照，宋代文人赋予了香事高雅的文化品质，是一种在中国传统文人的精神世界中不可或缺的生活方式。

文人雅士常在花园庭院或幽室之中设香席以"试香"，士人借助香这种媒介相聚，寻求共同的精神追求。周嘉胄《香乘》卷十一有载，"韦武间为雅会，各携名香，比试优劣，曰香会"，说的就是雅会斗香。

品香、斗香时需要有一系列规则指引，除了对香气的风格、香雾的形态、留香的时间等香料本身的品质的考评以外，对焚香的环境要求也极为

南宋·李嵩《焚香祝圣图》（局部）

考究苛刻，从香具的形制、材质到香几、香桌的配搭，再到周围光、声、色环境的配合，力求与香品的气质相辅相成，不产生违和之感。

《香乘》中文人雅士香的古法原方如下：

甘松，藿香，茅香，白芷，麝檀香，零陵香，丁香皮，元参，降真香以上各二两 白檀半两右为末，炼蜜半斤，少入朴硝，和香焚之。

文人雅士香的主要功效有以下几点：

（1）启迪文思。开窍醒脑则才思泉涌，有助于创作。

（2）芳香辟秽则香气清雅，浓而不艳，层次丰富。

（3）静心悟道，安神放松、解郁凝神，有利于休息调养，养心益智。

东莱散人香

东莱散人，王丰年别号，此号源于壬寅年（2022 年）仲秋。

白驹过隙，流年数载而疫症当道，寰宇上下混沌众生，遂心生躺平之意、散人之心。

"东莱散人"印章

配伍此"东莱散人香"，一来致敬黄庭坚，法古《黄太史四香》之"意可香"；二来此香兼有散人之风骨，亦有文人风雅，更具备庙堂之气度。在此古法基础之上，又根据当代香材的特点，优化了几味香材的炮制方法和工具，使得此香香味更加丰富，前中后香味明显，中香馥郁，后味绵长。

既然是致敬，那么这里就详细介绍一下"黄太史"。

黄太史即北宋大文豪黄庭坚，黄庭坚曾以秘书丞兼国史编修官，故后人以"太史"称之。黄庭坚，字鲁直，号清风阁、山谷道人、山谷老人、黔安居士，谥号文节，世称黄山谷、黄太史、黄文节、豫章先生、金华仙伯。

这么多的名号称谓，于本书而言，最大有关联的名号应该是"香圣"黄庭坚。

黄庭坚之所以被称为香圣，是因为他在香文化方面的杰出贡献和影响力。

黄庭坚，不但是宋代著名大文豪，更以其深厚的文化底蕴和独特的审美情趣，在香文化领域留下了深刻的印记。他不但是一位书法家、诗人，还是一位精通香道的专家，对香的制作、配方以及艺术表现形式有着深入的研究和贡献。黄庭坚的香道造诣极高，他创制的"黄太史四合香"等香品，不仅在当时受到极高的评价，而且至今仍被后人传颂。

"香圣"黄庭坚画像

他的香文化理念，将香的使用提升到精神享受和哲学思考的高度，推动香文化达到形式与精神的统一。

黄庭坚的香道知识和技艺不仅在国内有广泛的影响力，而且在海外，如韩国、日本等国家也具有很高的历史地位。他的贡献不仅限于香品的制作和配方，还包括对香的艺术体现形式的提升，以及对香文化在国内外传播的推动。

黄庭坚在中国香文化历史中扮演着重要的角色，他自称有"香癖"，极其热爱香，并将其视为一种精神享受进行传播。比如，在《贾天锡惠宝薰乞诗予以兵卫森画戟燕寝凝清香十字作诗报之》中云："贾侯怀六韬，家有十二戟。天资喜文事，如我有香癖。"毫不讳言地以"香癖"自称。其在《题自书卷后》中说："崇宁三年十一月，余谪处宜州半岁矣。官司谓余不当居关城中，乃以是月甲戌抱被入宿于城南。予所僦舍'喧寂斋'，虽上雨旁风，无有盖障，市声喧愤，人以为不堪其忧，……既设卧榻，焚香而坐，与西邻屠牛之机相直。"

黄庭坚对香气有着独特的感受和品位，其在《跋自书所为香后事》中论意和香："贾天锡宣事作意和香，清丽闲远，自然有富贵气。"评论欧阳元老的深静香说："此香恬淡寂寞，非世所尚，时时下帷一炷，如见其人。"

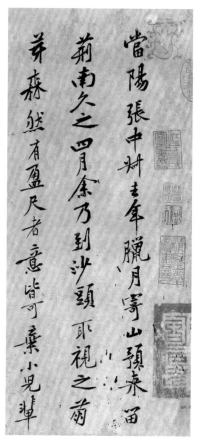

黄庭坚墨迹《致公蕴知县书》（局部）

黄庭坚的动手能力也是极强的，在香艺方面，如制香、熏香等方面都有详细记载并整理成方，主要有："汉宫香诀""意合香""意可香""深静香""荀令十里香""小宗香""婴香""百里香""篆香"等，其中，意和香、意可香、深静香、小宗香最为知名，被人统称"黄太史四香"，东莱散人香就是法古其中的意可香，宋代陈敬的《陈氏香谱》中也有收录这些香方。

意可香，在宋人陈敬所著的《陈氏香谱》、明代《香乘》皆有记载，意可香是南唐宫廷中流行的妙品，之后香方辗转流传，最终由一位"历阳公"得到，历阳公又将其传给"东溪老"，黄庭坚正是从东溪老处获得了此一香品的配料表与制作流程。黄庭坚认为这款香"殊不凡"，便为其取了一个更富禅意的名称"意可"。

此香方原跋文：山谷道人得之于东溪老，东溪老得之于历阳公。其方初不知得之所，自始名"宜爱"或云此江南宫中香，有美人曰"宜娘"，甚爱此香，故名"宜爱"。不知其在中主、后主时耶？香殊不凡，故易名"意可"。可使众不业力无度量之意，鼻孔绕二十五，有求觅增上，必以此香为可，何况酒款玄参，茗熬紫檀，鼻端以濡然乎！且是得无主意者观此香，其处处穿透，亦必为可耳。

后人在整理香谱的时候因为时代不同，因此称谓也有所不同，这款香在历代众多后人整理过程中，称谓比较混乱，正如本香谱里就叫作"东莱散人香"。

宋人的精神世界十分细腻，宋明理学所带来的格物精神的兴盛也推进了咏物诗歌的兴盛。黄庭坚与香的关系，是宋代文人与香关系的缩影。宋代文人读书以香为友，独处以香为伴，公堂之上以香烘托其庄严，松阁之下以香装点其儒雅。

调弦抚琴，清香一炷可佐其心而导其韵；品茗论道，书画会友，无香何以为聚？书香难

《香乘》载"意可香"

分，燕居焚香，成为宋代文人的一种生活方式，也是他们精神追求的一种反映。

黄庭坚在诗歌中，认为品香能够使人灵台空明，心无外物，达到明心见性的开悟、证道境界。通过对香的气味、意境的感受，可以达到禅的修行与生命的净化，这也是宋代文人所推崇的精神修养之道。

黄庭坚的诗歌中有一句"九衢尘里偷闲"，反映了宋代文人的生活状态。在繁忙的生活中，他们通过品香、焚香来寻求内心的安宁与平静。

总之，黄庭坚与香的关系是宋代文人与香的关系的缩影，反映了他们追求内心的平静与清明。这种追求在整个宋代文化中占据了重要的地位，成了宋代文化的一种符号。

《香乘》中意可香原香方：

海南沉水香三两，得火不作柴柱烟气者。麝香檀一两，切焙；衡山亦有之，宛不及海南来者。木香四钱，极新者，不焙。玄参半两，锉燥，炙甘草末二钱。焰硝末一钱。甲香一分，浮油煎令黄色；以蜜洗去油，复以汤洗去蜜，如前治法为末。入婆律膏及麝各三钱，另研，香成旋入。右皆末之，用白蜜六两，熬去沫，取五两和香。末匀置瓷盒，窨如常法。

君臣佐使配伍如下：

（1）主要香材：海南沉水香、麝香檀、木香、玄参。

（2）助燃剂：焰硝末。

（3）中和剂：炙甘草末。中和各种香材混合后产生的化学变化，尤其是焰硝。

（4）润饰及固定：甲香、婆律膏、麝香。用量少，但增加主香的变化并丰富其香气的领域，固定使和香不会变质。婆律膏、麝香要另外研磨。

制作此香时的注意事项有以下几点：

（1）海南沉水香：熏点时不要有柴烟的气味。即使用含油量高、纤维质少的沉水香。

（2）麝香和紫檀：紫檀切细碎，焙过，海南者佳。与麝香30：1加水文火煎煮。

（3）木香：如新采集的，不必烘焙。

（4）玄参：锉碎爁炒后，黄酒炮制。

（5）甲香：浮油煎到变成黄色，再用蜜洗去油脂，再以热水洗除蜜味，磨成粉末。

（6）炼合：以上香材全部研磨成粉末，再用白蜜六两，熬煮去掉沫，取五两和香。

（7）窨香：以上炼合好了的香放在陶瓷器皿中窨藏储存。

万象冥觉香

万象冥觉香原文：

冥者，晦暗难测也；觉者，明心见性也。万象冥觉，乃人生心境也，盘天下之大，唯道能其行，唯正能其秉，空也澈也，方能硝艾其神，似御风青云，渐入其臻，天同地同，天下大同。

冥，即冥想，国际上很多宗教养生都存在的一种修行模式，英文叫

meditation，是一种改变意识的形式，它通过获得深度的宁静而增强自我知识和良好状态。

面向大海自然冥想

而这款香的功能就在于此，能够帮助人们迅速进入这种入定的状态。

觉，佛家讲皈依自性三宝：觉、正、净。即觉而不迷、正而不邪、净而不染。

同样，万象冥觉中的"觉"也是如此道理。

不起心、不动念、不执着，意味着在面对任何事情时，修行者不会产生杂念。

不起心，就是不对任何事物产生妄想或分别心，保持心灵的平静和清净；不动念，是在思维上不产生波动，不因外界的诱惑或干扰而心生烦恼；不执着，则是对一切现象和境界不产生贪恋或执着，认识到所有现象都是因缘所生，最终是虚妄不实的。

修行人要回归自性，就要舍下自己的一切私心和欲望，真正在生活、工作、修行中，全然地付出，欲望减少则烦恼也会越来越少，而内心的能量将会越来越大，从而逐渐进入清静，回归自性。

因此，万象冥觉这款香的特点就是：幽香醒窍、馥郁清雅、因物正心、反照自性。其香材原料为：肖楠香，桂枝香，澳洲檀香，安息香，降真香，丁香，白芷，木香，楠木粉。

泰国僧侣冥想图

万象冥觉香香方因受非遗保护单位保护，故此具体配伍成分表暂不能公布，但相信品闻到万象冥觉香的人一定能感受到该款香的妙不可言。

古法合香，宏观而整体地把香料的原始气味加以保留，这缕香气是自然的，复合的，整体的，不一味追求气味的高纯度，而是气味的和合。

香与香要和，香与人要和，香与自然空间更要和。

这缕香从自然中来，最终要融回自然中去。

刘松年《秋窗读书图》

宋人提出了"鼻观"的概念，并且提出了品香时"犹疑似"的审美判断，即在似有似无之间，去把握一种朦胧之美，这与禅宗"说一物即不中"的境界十分吻合，也就是借有相之香，因物证心，反照自性，心清才可闻妙香。花草有香，山石有香，日月有香。

品香的步骤首先是先品一支香的整体味感，或高或低，或浓或淡，或清或浊。

然后品这支香的甘辛酸苦咸之味，再去分析这支香的气味元素，如花、果、甜、凉、蜜、奶等。

接着是品这支香的整体香气品格，或清雅或馥郁，或温柔或阳刚。

最后便是综合这些气味特点，去构建符合这款香香气的意境。

好香，值得用鼻去观、用心去听。这便是高级的宋式品香哲学延续至今的原因。

文峰山下香

这是一款笔者姥姥记不住名字的香，因此就给它起名叫作"文峰山下香"了。这款香也是一款追忆"少年时"味道的香，文峰山是笔者少年时代生长和玩耍的地方，也是从这里踏上从艺道路的地方，我于1996年将"文峰山下"作为笔名一直沿用至今。

文峰山"郑文公碑亭"

文峰山，俗称笔架山，位于山东省莱州市南7.5千米处。云峰山岩石嶙峋，峰高、谷幽、林茂，景色如画。闻名于海内外的北魏著名书法家郑道昭于公元511年，在此山留下了宝贵题刻17处，均刻在山内险峻的摩崖之上，文峰山也因此成为中国书法名山、书界圣地，更成了连接四海友谊的桥梁。

文峰山下香的主香气风格定调在花果香兼山林味上，其重点取法于源自晋朝所流行的"小四和香"。

"小四和香"也叫"山林穷四合"，最初起源于晋代的清贫士子，在宋代受到文人雅士的喜爱。

古代文人最为推崇小四和香的原因有二：

（1）清爽的瓜果香气，虽然没有沉檀龙麝的醇厚绵长，却别有一番清爽香甜的风味。

（2）合香所需香材，就是生活中所常见的四类果皮——荔枝壳、松子壳、梨皮、甘蔗渣。

下面简单介绍一下"小四和香"的发展。

唐朝的杨贵妃爱吃荔枝，宋朝的贵妃也爱吃荔枝，荔枝壳舍不得扔掉，便用来和香。苏东坡杂记《香说》中记载了宋仁宗宠妃张贵妃用荔枝壳和香之事："温成皇后阁中香，用松子膜、荔枝皮、苦楝花之类；沉、檀、龙、麝皆不用。"

香材配伍图

宋代《陈氏香谱》里记载：将香橙皮、荔枝壳、楔楂（木瓜）核、梨渣、甘蔗渣等分为末，名"小四和"。

宋代陈郁《藏一话腴》记载："盖烧香，士大夫之清致也……予又谓香有富贵四和，不若台阁四和，台阁四和不若山林四和，盖荔枝壳、甘蔗滓、干柏、茅山黄连之类各有自然之香也。山林四和香，乃高士之真韵也。"

明代周嘉冑在《香乘》中收录了小四和香，称之为"山林穷四和香"。

明初陶宗仪在《墨娥小录》中记载了四弃饼子香：荔枝壳、松子壳、梨皮、甘蔗渣，右各等分，为细末，梨汁和丸，小鸡头大，捻作饼子，或搓如粗灯草大，阴干烧炒，加降真屑檀末同碾，尤佳。

晚清的况周颐在《眉庐丛话》中记述清宫用香情况：每岁元旦，太和殿设朝，金炉内所爇香名"四弃香"，清微澹远，迥殊常品，以梨及苹婆等四种果皮晒干制成。历代相传，用之已久，昭俭德也。

史料可鉴，在小四合香材为君的基础上，历代文人都会根据自己的喜好酌情添加变换辅料和佐使。本香集在原基础上加了藏柏与木粉，藏柏是增加此香气的穿透力，使其尾香部分香气更加有层次；木粉的增加作为辅助，可以让此味香更加绵长。此二味木香型香材的加入更是平添了少年时在山间徜徉，在山下嬉戏玩耍的嗅觉回忆。

笔者儿时在文峰山上拍摄 的照片

荔枝壳、松子壳、梨皮、甘蔗渣，现在再看这四味香材，内心五味杂陈，毕竟，在笔者儿时的年代，这四味现在看来平常的水果在当时是极其奢侈的出现，能够攒出量来揉捻炮捣、君臣佐使地合和为香，在那个生活资料贫乏的年代，实属弥足珍贵了。

文峰山下香取法四和而不泥于古法，以科学配伍融情感喜好，君臣佐使的巧妙于大自然中取舍有度，于简陋处见芬芳，合出了内心情感，合出了清微淡远，愿文峰山下香迥殊常品，历代相传，用之久远，昭俭德焉。

富贵四合香

四合香的使用相当久远，从晋代开始就有记载，以沉香、檀香各一两，龙涎香、麝香各一钱，合在一起而成，一直到清代都在使用。

由于四合香配伍简单但香材比较昂贵，所以出现以后迅速进入宫廷和士大夫阶层。

把这方香叫作"富贵四合香"，主要有两大原因：

（1）"沉檀龙麝"这四味香材，不管是古代还是现如今的当下，都是极其昂贵稀有的、非一般财力所能享用的珍品香材。

宋代王象之《舆地纪胜》中记载，沉香"一两之直与白金等"；南宋《百宝总珍集》中记载，龙脑香"价值曾卖五十千以上"；日本僧人成寻在《参天台五台山记》中记载，一脐上品麝香将近两贯钱："交易钱廿五（二十五）贯，买麝香上品十三脐了"。

（2）据《陈氏香谱》记载，把香橙皮、荔枝壳、甘蔗滓以及槟榔核或

御座焚香图

梨渣中的任一种"等分，为末"，调和成丸，入炉后熏发；明初陶宗仪《墨娥小录》记载了"四弃饼子香"：荔枝壳、松子壳、梨皮、甘蔗渣，右各等分为细末，梨汁和丸，小鸡头大，捻作饼子，或搓如粗灯草大，阴干烧炒，加降真屑、檀末同碾，尤佳；明代周嘉胄在《香乘》中也收录了小四合香，称之为"山林穷四和香"，亦称为"清贫四合香"（见本书"文峰山下香"）。

因此相对应"清贫四合香"，将此款香命名为"富贵四合香"。

天然的香材大体可以分为植物性、动物性两种（此外还有少数可以生发香气的矿物），植物性香材又分为木香型、花香型、树脂香型、果香型、根香型、叶香型、皮香型、草香型等；动物香相对来说较少，一般传统合香里常见的有麝香、龙涎香、灵猫香、海狸香、玉龙香等。

这款富贵四合香中，沉香和檀香为植物性香料，龙涎香和麝香则为动物性香料。

越是简单的香方越是讲究"君臣佐使"，并且比例差之毫厘，味道会谬以千里。

富贵四和香极致体现了中国传统文化的意境香气，在点燃的瞬间，香气爆发。虽然此方无花，但扑面而来的花香韵，充斥着整个鼻腔，随之而来的是沉稳的另类香气——动物香，在整支香燃烧殆尽的时候，尾香会有沉香、檀香的木质香气浮现，馥郁交错的中国韵味，在一支线香里展现得淋漓尽致。

将沉香、檀香、龙涎香、麝香按以上比例搅拌均匀后，加 20 克天然楠木粉为植物黏合剂，温水搅拌反复揉搓，揉搓均匀后，放置容器中醒发 3~4 小时，然后加工成线香。线香加工好后一定要放置于通风处阴干，切勿暴晒，等彻底风干水分后装入香筒储存，备用。窖藏两年以后使用效果更佳。

以上就是"富贵四合香"的配伍方法，这款香配伍简单而华丽，能让人感受到极致的奢华，仿佛穿越时空回到曾经的帝王宫殿，舒缓幽深，高雅沉静。

三洞真香之一
真品清奇香

随着生活水平日益提高，人们逐渐回归传统文化生活，焚一支袅袅的馨香，追求由淡淡自然的香气所散发出来宁静、安详的气氛，便引申出一种心灵上的满足与修行的追求，兴起一种禅意的美学。

真品清奇香是修身悟禅的绝佳之选。

此香方为道家著名系列用香，明·正统《道藏》记载，道家的三洞真香分别是"真品清奇香""真和柔远香""真全嘉瑞香"。

原香方收录在明·周嘉胄撰《香乘》《晦斋香谱》中，原文如下：

禅意枯山水

芸香、白芷、甘松、山柰、藁本各二两，降香三两，柏苓一斤，焰硝六钱，麝香五分，右为末，依前方造，或加兜娄香泥白芨。

《香乘》载"真品清奇香"

本方重点讲焰硝。古人有以"硝艾"祭神灵的习俗礼仪。"焰硝"在这真品清奇香香方里起到两个作用，一是加强烟雾浓稠度，香烟更加袅绕，升腾空中与云朵融合；二是硝的助燃性，从科学角度讲就是可以更好地助燃，从高温中快速催发出芳香分子。

现如今市场上的普通香或廉价香，为了使香材能够更好地燃烧，会在配伍香方中添加工业助燃剂"硝"来增加燃点，这种添加硝制作而成的香温度高，很烫手，所以有一个辨别香质量好坏的小窍门儿，就是用手去捻触香灰，烫不烫手是判断香好坏的重要依据之一。

道家用香以其愉悦性、便利性、预防性、安全性，成为道家医治未病的首选，故此类香有四大主要功能：

（1）祀先供圣——礼仪的表达手段（通神）。

（2）祛疫辟秽——草药的重要部分（预防）。

（3）安魂正魄——宗教的必备用品（养心）。

（4）启迪才思——文人的读书伴侣（安神）。

三洞真香之二

真和柔远香

　　爇香（焚香），在道教中占有极其重要的位置，在长期历史进程中，道教逐渐衍生出了独特的香文化与应用。主要体现在道教斋醮焚香、养生修行等方面，它发展延续贯穿着整个道教文化的传承历史。

　　三洞真香之"真和柔远香"，较前一方"真品清奇香"而言配伍简单了很多，但用香更加奢侈考究。全方共四味香材，其中四大名香（沉檀龙麝）出现了两味——速沉香、麝香。这里还要强调一个知识点就是香方中出现了一个古代计量单位——升，古代一升等于多少克，因朝代不同而有所差异。一升，秦朝为 220 克，汉朝为 200 克，三国为 204.5 克，南北朝为 300 克，唐朝有大小两种，大的为 1000 克，小的为 200 克，宋朝为 670 克，元朝为 1000 克，明朝为 1000 克，清朝为 1000 克。此外，也有一种说法认为，古代一升米是 1.5 斤，即 750 克，此说法在古代民间较为常见，因此香方计量单位皆为升计算，按照一升 750 克算倒也无妨。

　　由此配伍用料，我们可见当时道教的盛行与繁荣，香火供养之富足，道家制香对香料的种类和制作工艺也有了明显的提升。这对于香文化的发展影响深远，为后来的香道奠定了坚实的基础，宗教用香无疑是推动中国香文化发展的重要组成部分。

　　仙鹤与道教有着不解之缘，道教认为仙鹤是仙人的化身，道士们自称为"羽客"或"羽士"；道士所穿的道服也被称为"鹤氅"，穿起来飘飘然一副仙风道骨的模样；高功法师在进行斋醮科仪时，所用到的步罡踏斗又名"禹步"，据传说夏禹偶然在河滩上看到有一只仙鹤，它施咒可以让大石头翻滚，仙鹤在施咒前按照一种奇特的步伐行走，于是禹模仿这种步法，从而创造了禹步；道士去世时也被称为"羽化"或者"驾鹤西去"。

　　真和柔远香原香方收录在明代周嘉胄撰的《香乘》的《晦斋香谱》

中，原文如下：

速香末二升、柏泥四升、白芨末一升、右为末入麝三字清水和造。

香气与人身有密切关系，最简单的是其激发内心愉悦感可以达到养生养心功效。

道学作为一门玄学，道教的用香文化也比较深奥。道教称香有太真天香八种，即"道香、德香、无为香、自然香、清净香、妙洞香、灵宝慧香、超三界香"。

通过简单的分析不难看出，真和柔远香的香气可入脾、悦脾、醒脾，其透心、透骨、透腹的特点能够通络利窍、宣窍，可燥湿化浊，长期品闻能和五脏，温养脏腑，调和胃气。

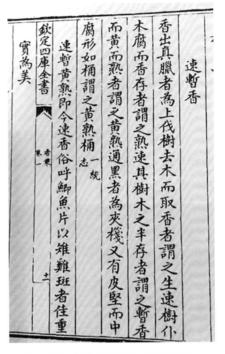

明·周嘉胄撰《香乘》速香记载

三洞真香之三
真全嘉瑞香

道教香文化博大精深，蕴含着形而上的精神哲理，形而下的应用科学，亘古以来，影响着人们的生活。周时，老子作《道德经》，阐扬道之精义。

战国时列子、庄子、文子、孙子、关尹子、鹖冠子，皆宗黄

万卷古籍图

老之道，而倡扬其说，蔚成道家。

三洞真香之"真全嘉瑞香"原香方收录在明代周嘉胄所撰的《香乘》之《晦斋香谱》中，原文载：

罗汉香、芸香各五钱，柏铃三两，右为末，用柳炭末三升、柏泥、白芨依前方造。

气味和灵魂之间的某些相似性，可从词语的言外之意中加以领会。这两种东西都是隐藏的、被掩盖的，气味从身体深处上升就像从肉体外壳逃出的灵魂。

古画一角之书童焚香图

当然嗅觉还代表着一种与情感的紧密联系，"气味相投"不仅代表着亲密关系里由气味引发的一种痛苦和快乐的感情，还是一切宗教教徒与神明建立神圣情感与沟通的媒介，可以说整个当代的文明与洁净的社会都建立在一种对嗅觉衰退之上，"消除气味""厌恶气味"是现代社会的标志，而古代社会却代表着"喜欢气味"与"破解气味"的秘密。

周嘉胄在《香乘》中提到的冷谦真人制作的"太乙香"，制作工艺秘而不宣，原料配方与四气五行结合，焚烧后产生的气味可神清气明，周嘉胄称其："制甚虔、甚严，择日炼香，按向和剂配天合地，四气五行各有所属，

古画一角之文玩清供

鸡犬妇女不经闻见，厥功甚大，焚之助清气益神明，万善攸归，百邪远遁，盖道成翘升举秘妙，匪寻常焚蒸具也。其方藏金陵一家，前有真人自

序，后有罗文恭洪先跋，余屡虔求，秘不肯出，聊记其功用如此，以待后之有仙缘者采访得之。"

至此，周嘉胄撰《香乘》的《晦斋香谱》中所载的三洞真香系列都已分享完毕，张爱玲说，一支香，一缕烟，既可静思，又能松弛神经。燃香、点香，往往像是一幅画，更是一种美态。

神霄系列香

神霄系列香包括神霄正乙香、神霄太乙香、神霄天乙香，乃道教神霄派三大法门用香。三种香的香气反复品闻，香高层次深远，入肝肾二经，疏肝解郁，使人气血畅通。

神霄太乙香的配伍香材如下：

降真香、七里香、香茅草、佩兰、安息香、丁香、芸珠粉、檀香、楠木粉。

人们用香不只是为了满足感官的享受，那只是一种表象，古人需求的是焚香时获得的一种力量。

宗教焚香礼仪细节图

这种力量能降心火，使人安静、喜悦，并启迪人的才思灵感，帮助人在静谧和谐的环境里完成"为天地立心，为生民立命，为往圣继绝学，为万世开太平"的人格塑造。

自古先人在用香、品香上就讲究心性的领悟，所以才有了杜甫的"心清闻妙香"，苏轼的"鼻观先参"，黄庭坚的"隐几香一炷，灵台湛空明"。

当香道日渐完善、贴近心性之时，也就贴近了日常生活，贴近了普通百姓。道家用香并不是高高在上的、少数人的专有之物。正如《荀子·正论》所言，"居如大神、动如天帝"的天子也以香草养生，与庶民并无两异。

神霄天乙香的配伍材料如下：

龙脑、麝香、沸水煮一刻冷备、安息香、丁香、芸珠粉、檀香、元参、红花粉、楠木粉。

当代书画家一觉为本书创作作品
《妙香一点红，万象本寂空》

神霄正乙香的配伍材料如下：

降真香、七里香、香茅草、佩兰、安息香、丁香、芸珠粉、檀香、楠木香。

道教修行最讲清净、自然，其香的养生作用更多在于驱邪避瘟，安神养命。

古人制香，多以草药制成，将带有香气的草药混合制香，不但具有芳香的香味，又有疗养身体的功效，故而道教徒以香辅助修行。

首都博物馆画院副院长、鸿·艺术馆馆长、徐悲鸿艺术文化网执行总编武华兴为本书题写苏轼名句"焚香引幽步，酌茗开净筵"

香与药本就同源，很多香料本身就是入药上品，最普遍的例子当属端午节插艾蒿的习俗，主要为辟秽之用。

神霄正乙、太乙、天乙三香秉承道香的一贯传统，以清净、自然为主，来用香安神，更是承载着人们对神灵的敬意和崇拜，同时也传承着中医理疗、养生文化的科学理论。

以上神霄系列香方，是中国传统文化浓墨重彩的一笔，天地相连，虚实相合，风雅与禅意并行。

河北省定州市大道观、国家级非物质文化遗产花张蒙道教音乐团团长王宗云道长为本书提供的道教焚香礼仪细节图

参禅楚布香

源远流长的中华文化以儒、道为主干。大家都知道，儒家有"五常"——仁、义、礼、智、信。对于儒家的五常，学者们有过很多解释。"五常"可以说是儒家文化价值观的最简明概括。至于道教的文化价值观，道可道也，非恒道也。名可名也，非恒名也。无名，万物之始也；有名，万物之母也。故恒无欲，也以观其眇；恒有欲，也以观其所徼。两者同出，异名同谓。玄之又玄，众妙之门。这是老子开篇破题，老子说我要讲

"道"。老子智慧震古烁今，朴素的辩证哲理穿透至数千年后的今天，仍是放之四海而皆准的真理。并且老子一针见血地告诉我们认识"道"的途径。

当代书画家石僧为本书创作《闻香识雅》

（一）道

其直接意涵是"道路"，后来道教将之提升为修行理论的基本范畴。按照道教的观点，"道"是生化万物的本源，《易经》所谓"一阴一阳之谓道""阴阳不测之谓神"，都表明了"道"的神圣性。按照中国道教协会前副会长陈莲笙的说法，"道"包含着一切已经认知的世界以及一切尚未被认知的世界；包含一切我们已经理解的状态、运动、规律以及尚未被我们知晓的状态、运动和规律。"道"涵盖着人类赖以生存的自然界、人类自己组织的社会，以及尚未被人类认知的任何界别、任何领域。而所有这些被认识的和尚未被认知的领域都生发于"道"，并受"道"所支配，依凭"道"而运动、发展和变化着。"道"虽然看不见、摸不着，却可以通过特殊的修持程序而感受到，如斋醮科仪、存想等方式都可以达到与"大道"感通的效果。

当代书画家石僧为本书创作《闻香听禅》

（二）德

道教将"德"提升为"道"所具有的特殊能量。按照道教的看法，"道"因为有"德"才能够辅助万物生生不息。正如母亲生儿育女需要养分一样，"德"就是生育万物的滋养。从人类生存的立场看，"德"是维护社会秩序的基本规范，"德"不仅是社会正常运转的原则，也是个人修身养性的必需，所以"以德养生"是健康长寿之大本。

"参禅楚布香"中的参禅，在佛教中解释为禅宗是"禅那"的简称，巴利语 Jhāna 的音译。梵语是 Dhyāna。也有译为"弃恶"或"功德丛林"者。其香意译为"思维修"或"静虑"。是佛教禅宗的一种修持方法，它们分别从不同的角度描述了禅修的本质。

思维修，意为"依因立名"，强调的是通过一心思维研修为因，得以定心。这里的"思维修"指的是通过深入的思考和修行，达到心灵上的平静和专注。这种修行的目的是培养内心的定力，使思维清晰，有助于洞察事物的本质。

静虑，意为"依体立名"，指的是其禅那之体，寂静而具有审虑之用。这里的"静虑"强调的是在寂静的状态下深思熟虑，达到内心的平静并具

当代书画家石僧为本书创作《闻香入道》备智慧。它不仅仅是外在的安静，更是一种内在的精神状态，即把外在的事物和干扰摒弃掉，把精神收回来，使精神返观自身，达到一种超越物质世界的境界。

这两个概念共同构成了佛教中"禅"的完整含义，即通过思维研修达到内心的定与慧，通过静虑实现精神的超越与智慧的开启。这种修行方法旨在帮助修行者摆脱世俗的束缚，实现心灵的净化和智慧的开启。

静即定，虑即慧，定慧均等曰"禅那"，也就是佛家一般讲的参禅。

在礼佛和祭拜祖先时，人们都拈一炷香，借着缭绕的烟雾，传达心中的那份敬意与追思。"参禅楚布香"能清心、养性，有助于放松精神，减压以及辟邪镇气、提高呼吸道机能，还可以辅助入睡等优点。

参禅楚布香香材如下：

檀香、红花、元参、降真香、桂花、零陵香、制没药、芸珠粉、安息香、楠木粉。

平澜凌云香

禅意大写意画家近僧
为本书创作《悟道图》

平澜凌云香配方严格按照道教制式配伍传承至今，也是几近失传的一副配方。纵观古典文献，该香所用香料约有十种，分别是：返风香、七色香、逆风香、天宝香、九和香、反生香、天香、降真香、百和香、信灵香。道教对不同场合用何种香料都有规定。道教仪式都离不开香料这一形而下的物质载体，以达到形而上的修行境界。

道教香文化比较深奥，道教称香有太真天香八种，即"道香、德香、无为香、自然香、清净香、妙洞香、灵宝慧香、超三界香"。

这八种香不是普通的香料，其实是人的"心"香，属于形而上的修行境界。"道""德""无为""自然""清净""妙洞"等字都不存在俗意，与超自然的事物联系紧密，有一定的寓意，在道教仪式过程中，焚烧香料以指引人的心灵达到一种超自然的境界，从而使人的心灵获得净化、升华。

平澜凌云香配方为：

新山西澳、檀香、乳香、安息香、红桧、楠木粉、芸珠粉、木粉、碳粉。

天门摇光香

扶摇直上九重天，承光鸟瞰天下先。

人生于天地，俯仰可察世间万物。在一呼一吸间感受万物的生发与天地的变化，以身体顺应节律变化，亦是心境上的修复与回归。

香料配伍图

身体有节律，香品亦有节律。

将凝聚着先人智慧的和香理念融于熏香中，让人们可以顺应节律、科学配伍，进而重新唤起人们对传统文化的感知，用嗅觉来感受自然之美、草木花香之姿，来反照自性，体会清心、修心、养心之妙香。

此香原名摇光香，本香集改名为"天门摇光香"，取自原香方"曲光散霞也，广开天门"之意。

天门摇光香配伍：

紫檀、大洋洲檀香、肖楠、降真香、乳香、大黄、陈皮、黄芪、楠木粉。

此香整体气感悠扬，香气不高不低，不浓不淡，似清非浊。香的味道是淡淡的花果香，尾香又有甜凉味（降真香），甜凉似蜜香或奶香（乳香），因人而感，按个人品位。

丹华紫真香

"丹华紫真香"之所以叫作"紫真"，相传是因为此香为"紫真道人"常用之香。

当代书画家一觉为本书创作《读经图》

东晋大书法家王羲之写有《黄庭经》《道德经》等。王羲之有一篇书法理论，名为《记白云先生书诀》，其中提道："天台紫真谓予曰，'子虽至矣，而未善也。书之气，必达乎道，同混元之理……阳气明则华壁立，阴气太则风神生。'"紫真道人以道教宇宙观理解书法，认为书道与混元之气是相通的，需要阴阳之气的调和。也就是说，从最为根本的哲学精神上讲，六朝书法或多或少都受到了道教的影响。

历史学家陈寅恪先生认为，两晋南北朝，天师道为家世相传之宗教，其书法亦往往为家世相传之艺术。旧史所载奉道世家与善书世家二者之附会，虽或为偶值之事，然艺术之发展多受宗教影响，而宗教之传播亦多依艺术为资用。可见，道教对书法的影响，无疑是存在的。且与佛教一样，道教同样注重写经。

在古代，焚香被广泛地应用于人们的日常生活当中，它是古人借以抑制霉菌、驱除秽气的一种方法。从中医的角度来说，焚香当属外治法中的"气味疗法"。早在汉代，名医华佗就曾用丁香、百部等药物制成香囊，悬挂在居室内，用来预防肺结核病。现代流行的药枕之类的保健用品，都是这种传统香味疗法的现代版，明代医家李时珍也曾用线香"熏诸疮癣"。

丹华紫真香香材：

紫檀、元参、广藿香、零陵香、龙脑、香茅草、麝香、楠木粉。

本香所用的原料，绝大部分是木本或草本类的芳香药物。利用燃烧发出的气味，可以免疫辟邪、杀菌消毒、醒神益智、养生保健，因此，除线香外，也可制成香囊挂于床头。

苏穆明仙香

苏复觉醒，穆如清风，温蔼遍布，韵散八荒。

苏穆，源于《诗经·大雅·烝民》："吉甫作诵，穆如清风。"其白话译文为：古甫作歌赠穆仲，乐声和美如清风。

明代俞弁在《续医说》中记载：医之为道，由来尚矣。原百病之起愈，本乎黄帝；辨百药之味性，本乎神农；汤液则本乎伊尹。此三圣人者，拯黎元之疾苦，赞天地之生育，其有功于万世大矣。万世之下，深于此道者，是亦圣人之徒也。

古籍《续医说》

香文化历史悠久，可追溯至五千年前的神农时代，就有采集植物作为医药用品来驱疫辟秽。当时人类对自然界中能挥发出气味甚至冒烟的万物都感兴趣也很重视，从而产生一种图腾的膜拜，比如闻到百花盛开的芳香时，同时感受到美感和香气快感；将花、果实、树脂等芳香物质奉献给神，芬芳四溢而达到完美的宗教境界；后来又有以硝艾祭神灵的传统延续至今。

时至今日，人们还是习惯于每天通过焚香寄托美好希望，这款"苏穆明仙香"就是经典的祭拜用香，广为国内外各大庙宇道观所使用，乃祭祖、拜佛、求仙灵验之上品。

苏穆明仙香谱配伍：

豆蔻、制没药、乳香、黄桧、沉香、芸珠粉、楠木粉。

晋·多罗伽罗香

多罗伽罗香香气低沉温婉，沉敛厚重。"多罗伽罗香"是梵语里"财神香"音译而来，因此，其也是藏传佛教财神大黑天的贡香。

在这一方里，有一种香材叫黄柏，又叫黄柏皮，为芸香科植物黄皮树或黄檗的干燥树皮。前者习称"川黄柏"，后者习称"关黄柏"。剥取树皮后，除去粗皮，晒干。

黄桧的主要功效与作用有：

（1）清热燥湿。黄柏皮清热燥湿之力，与黄芩、黄连相似，但以除下焦之湿热为佳。

（2）泻火除蒸。黄柏皮具有泻火除蒸的作用。

（3）解毒疗疮。黄柏皮可解毒疗疮，常用来治疗脚气、痿、疮

黄桧

疮肿毒、湿疹瘙痒等。

多罗伽罗香采集天然香材之精华，取《易经》"雷火丰"卦的气运亨通、生机勃勃、富有日新之象成香，科学配伍，寓意聚天地之财气，开山川之财源，攒万物之财富，集八方之财运，特别受生意人青睐。经商人讲究效益，焚点品熏这款香再合适不过了。

当今社会竞争越演越烈，工作生活的压力也越来越重，不管是职场人员还是普通工作者，经常焚点品熏"多罗伽罗香"也会心情舒畅、满怀斗志、工作顺利。

大黑天相传为掌管农业五谷丰收与财富之神，所以，众多的佛家人士，都会焚香供养大黑天，这款"多罗伽罗香"也就流传至今。适时熏香既能芬芳空间，又可为家人祈福保平安，增长财运。

汉·建宁宫中香

中国香文化源远流长，汉代的"建宁宫中香"是中国历史上目前为止发现最早的合香，是中国古代十大名香之一，是东汉时期王公贵族的炉中佳品。

公元168年至172年是东汉汉灵帝刘宏的第一个年号，史称建宁。

周嘉胄在《香乘》卷十四法和众妙香中作如下记载：

汉建宁宫中香（沈）：

黄熟香四斤、白附子两斤、丁香皮五两、藿香叶四两、零陵香四两、檀香四两、白芷四两、茅香二斤、茴香二

汉灵帝画像

斤、甘松半斤、乳香一两另研、生结香四两、枣半斤焙干、又方，入苏合油一两。右为细末，炼蜜和匀，窖月余，作丸或饼爇之。

在此款香中的香材使用，须注意以下九点：

①黄熟香、生结香同属沉香，只是结香方式与油脂含量不同而已，碾末。

②白附子，有毒，不可直接使用，以米酒蒸煮、切片，干燥后炮制。

③丁香皮，丁香的树皮磨粉备用。

④藿香叶、零陵香、甘松、茅香直接用本草香料碾粉备用。

⑤檀香，选用醇化后的印度老山檀经黄酒浸泡，炒焙制后碾粉备用。

⑥白芷，碾磨粉备用。

⑦乳香，碾磨粉备用。

⑧枣，干枣去核去皮焙干，枣肉碾磨粉备用。

⑨炼蜜，建议选用较为清爽的槐花或枣花蜜为佳。

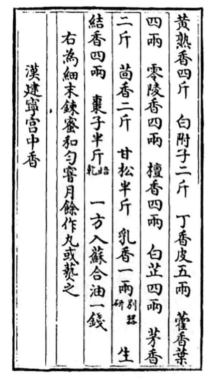

古籍中所载"汉建宁宫中香"

将以上香料加入炼蜜，调和均匀，窖藏月余，取出，搓制成丸，或用印模压制成饼焚熏。这款香方显示了汉代已研究各种香料的作用及特点，配方十分考究，与中药的配制有异曲同工之妙。

此香方以黄熟香香韵为主，辅以白附子、丁香皮、藿香、零陵香、檀香、白芷等，定香选用了茴香、甘松、乳香等，和剂使用炼蜜。从性味上看，以辛甘为主，从归经上看，以入胃脾经为主，从功效上看，以行气理气、止痛定痛为主。

这款香药香浓郁，整体雄浑大气，高贵不凡，偏温，香气圆润、清甘。配伍中几味气味比较浓烈刺激的香材在这款香中融合得非常好，层次分明，同时还兼有祛湿寒、通经络的养生效用。

需要注意的是，如果制作线香，炼蜜改用楠木粉代替，比例按之前讲到的配伍即可。

西汉·浴兰香汤方

浴兰汤，是西汉中期礼学家戴德编著的《大戴礼记》中记载的古俗："五月……蓄兰。为集浴也。"这里的"兰"并不是指兰花，而是菊科的香材佩兰。佩兰有香气，可煎水沐浴。

明·仇英《汉宫春晓图》局部

《九歌·云中君》有"浴兰汤兮沐芳，华采衣兮若英"之句。《荆楚岁时记》："五月五日，谓之浴兰节。"《五杂俎》记载明代人因为"兰汤不可得，则以午时取五色草拂而浴之"。后来一般是用煎蒲、艾等香草洗澡。

浴兰汤的配方民间流传很多种，根据不同的需求和地区习俗而有所不同，但通常都包含香草和草药，旨在达到清洁、保健和祛邪的目的。民间常见的浴兰汤的配方可归纳为四大类。

（1）古代贵族配方。古代贵族使用的浴兰汤配方相当奢侈，包括麝香、零陵香、檀香、丁香、泽香、藿香、紫苏、菖蒲以及桂花、朱兰、兰花、山栀花、白兰花、玫瑰花、月季花等，熬汤用以沐浴，以达到祛病强身的效果。

（2）民间配方。民间浴兰汤的配方较为简单，常见的是采集菖蒲、艾草、丁香、紫苏等常见的百卉香草，熬汤以沐浴。

（3）现代配方。现代的浴兰汤配方结合了传统与现代的配伍方式，如取艾叶 50 克（去根，枝叶并用），剑蒲（石菖蒲）10 克，侧柏叶 30 克（枝叶并用），淡竹叶 10 克，佩兰 15 克，白檀香 10 克，木香 10 克，白芷 10 克，沉香 2 克，甘松 10 克，将这些草药用纱布包裹，配以柳叶枝条（两三枝即可），用正阳水煮 30 分钟，然后加入清水中即可洗浴。

（4）地区特色配方。在湖南、广西等地，用柏叶、大风根、艾、蒲、桃叶等煮成药水洗浴，不论男女老幼，全家都洗，此习俗至今尚存，据说可治皮肤病。

传统文化科学传承与发扬"浴兰香汤洗手仪式"

浴兰汤的配方多样，可以根据个人需求和当地习俗选择适合的配方。无论是古代的奢侈配方还是现代的简化版本，或是根据地区特色调整的配方，浴兰汤都体现了人们对健康和清洁的追求。

之所以把现代配方的配伍详细讲解，主要原因有二，其一，此香方更科学，所用香材都是中医药中常用的芳香且具有杀菌消炎效果的；其二此香方中的中药材、香料都比较方便购买，并且价格也相对亲民，适合寻常百姓家采买使用，而其中难得的只有"正阳水"。

"正阳水"也叫"午时水""龙目水"，农历五月五日午时（中午 11 点至下午 1 点）的水，即午时的水。

中国历法讲端午午时阳气最盛，因此正阳水被认为有趋吉避凶、止泻净身、净宅除瘴和增强运势等作用。

宋朝《琐碎录》中记载："五月五日午时取井花水沐浴，一年疫气不侵。俗采艾柳桃蒲，揉水以浴。"有谚语道，"午时洗目眶，明到若乌鹙""午时水饮一嘴，较好补药吃三年"，也是说的正阳水之功效。

水的来源最好是山泉水、井水等地脉直接流出的天然水源。但现在城市中生活的人无法取得，故选矿泉水亦可。

"正阳水"的制作方法：

时间：农历五月初五端午节，午时（中午11点至下午1点）。

仪式：拱手对天地四方各一拜，默想取水用途，不可嬉闹（仪式感）。

流程：将已取好的各类过滤水、矿泉水、纯净水置入瓶、碗、盆、钵等器皿中，水中可放入艾草，放在户外与大自然充分接触两个小时后取回。

浴兰香汤，千百年来流传至今，是劳动人民科学智慧的结晶所在。艾叶、菖蒲、佩兰等中草药煮成的汤水具有清热解毒、驱除晦气的功效。在端午节期间，人们通过沐浴兰汤，达到身体健康、心灵清明的目的。这种习俗不仅是一种卫生习惯，也体现了人们对健康和吉祥的追求与向往。

南北朝·寿阳公主梅花香

明·周嘉胄撰《香乘》中的"寿阳公主梅花香"香谱

寿阳公主，南朝时宋武帝刘裕之女。寿阳公主一生喜爱梅花，因而发明了"梅花妆"。

史料记载关于"寿阳公主梅花妆"的文字如下：

宋武帝女寿阳公主一日卧于含章殿檐下，梅花落公主额上，成五出花，拂之不去。皇后留之，看得几时，经三日，洗之乃落。宫女奇其异，竞效之，今梅花妆是也。

——《太平御览·杂五行书》

文中的大概意思是说，黄历正月初七这天，寿阳公主卧于含章殿下，殿前有几棵蜡梅树，有几朵梅花飘了下来，其中一朵轻柔地打着旋儿，落到寿阳公主的额头上。寿阳公主醒来之后，对额头上的梅花浑然不觉，顶着它走来走去。宫女们笑着上来帮她摘掉花瓣，但是公主的额头已经印上了花痕，栩栩如生，洗也洗不掉，三天后，才渐渐淡了。宫女们觉得额头上装饰几朵梅花花瓣，更显娇俏，也学着在额头上黏花瓣，于是，这种妆就成了宫廷日妆。但蜡梅不是四季都有，于是她们就用很薄的金箔剪成花瓣形，贴在额上或者面颊上，叫作"梅花妆"。

由于蜡梅有季节性，不是经常有，于是，女子们便想方设法采集其他黄色花粉，而后做成涂饰粉料

宋代绘画中的"梅花妆"

代替蜡梅，以便长期使用，大家把这种粉料称为"花黄"。也有用黄纸剪成各种花样贴上的。梅花妆不久便流传到了民间，很快受到女孩的喜爱，特别是那些富有大户人家的女孩以及歌伎舞女，更是争相效仿。

宋代绘画中的"对镜帖花黄"

也由此，引进了典故"黄花闺女"的由来：

梅花妆流行开后，人们都认为不贴花黄，就缺少了女性特征，于是用黄颜色在额上或脸上两颊画上各种花纹，成为少女的一种必不可少的装饰。

"黄花"在古代又指菊花，因菊花能傲霜耐寒，常用来比喻人有节操。因此，人们在"闺女"前面加黄花，不仅说明这个女子还没有结婚，还说明这姑娘心灵美好，品德高尚。这样，"黄花闺女"就成了未出嫁的年轻

女子的代名词了。

寿阳公主不仅发明了梅花妆，还是一位制香高手，她用梅花精髓而配制的梅花香，被历代制香家赞誉，成为传世经典名香，即传说中的"寿阳公主梅花香"。

"寿阳公主梅花香"在明代周嘉胄撰写的《香乘》中记载：甘松半两、白芷半两、牡丹皮半两、藁本半两，茴香一两、丁皮一两（不见火）、檀香一两、降真香二钱、白梅一百枚，右除丁皮余皆焙干为粗末，磁器窨月余，如常蒸。

寿阳公主所在的南北朝时期，香药一两约等于如今的14克，经过换算后，实际香方如下：

甘松、白芷、牡丹皮、藁本各7克，茴香、丁皮、檀香各14克，降真香2.8克，去核白梅70克。

香方中的白梅是白梅肉，又称盐梅、霜梅，有利咽生津的功效。先将丁香树皮生磨成末，其他的香材烘焙干，研磨成粗的药末子。将所有的香药粉倒入容器中搅拌均匀，然后静置半小时，让其香气充分融合，以适量的炼蜜与香粉进行充分调和，然后制成香饼。若是制线香，将炼蜜改为黏粉，按照比例配伍即可。

按照古法，做好的香饼或线香放入地窖或不见光的房间或地下室窨藏，半个月之后就可以拿出来使用了。

此香空熏时暗香浮动，酸甜交融，如漫步雪中梅林一般，此香自南朝时期配方，一直到了北宋时期都是御用的宫廷琴香。

寿阳公主在历史长河中虽然已经远去，但她给人们留下了难以忘怀的气息。风起雪落的万籁深冬，每每在梅花盛开的时候，仿佛又回到当年，回到那蜡梅树下，一缕梅香袅袅起，几朵蜡梅落额头，真如宋代诗人林逋所吟："众芳摇落独暄妍，占尽风情向小园。疏影横斜水清浅，暗香浮动月黄昏。霜禽欲下先偷眼，粉蝶如知合断魂。幸有微吟可相狎，不须檀板共金樽。"这款香品的气味优雅，就如那梅花一般，在苦寒的时光里，给人带来一丝欣喜。

寿阳公主梅花香的独特之处在于其配伍的巧妙和香气的清雅。它以梅香为核心，结合酸甜交融的特质，含生发之机般能够让人感受到如同沐浴在春风中的舒适感，使人神清气爽，从而起到提神醒脑的作用。

此香适宜于书斋琴房、闺房、沐浴居家、修行、冥想、瑜伽等场合使用。

梅

唐·开元宫中香

前面讲到过"汉·建宁宫中香"，本节分享一款唐代以皇帝的年号命名的合香——唐·开元宫中香。

开元盛世，在中国历史上赫赫有名，当时的唐朝，边境安宁，国家富庶，民风开明，吸纳了各路英杰汇聚长安，八方邻国纷纷携珍宝朝贡大唐君主。从中国史书记载来看，香文化逢盛世必奢华，各种珍贵香料无所不用，各种合香的方法也是出奇制新。这款开元宫中香看似平常，却极尽用香之奢侈。

唐·开元宫中香是一方兼备药性和香性的香。

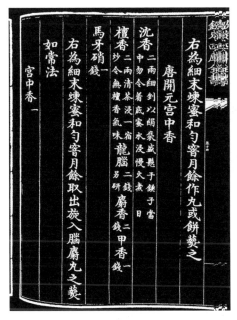

明·周嘉胄撰《香乘》载"开元宫中香"

周嘉胄在《香乘》的法和众妙香（一）中记载开元宫中香如下：

沉香二两（细锉，以绢袋盛，悬于铫子当中，勿令着底，蜜水浸，慢火煮一日）。檀香二两（清茶浸一宿，炒干，令无檀香气）麝香二钱 龙脑二钱（另研）甲香一钱 马牙硝一钱

右为细末，炼蜜和匀，窨月余取出，旋入脑麝，丸之，蒸如常法。

沉香的炮制方法费时费料，年头不够、结香不足的沉香这样煮一天，香味几近消失，所以不建议用太劣质的沉香制作这款香；书中所授方法是为了去除沉香香气中的小分子香气成分，留下最原始的香味，沉香的香气则更为沉稳内敛、悠长，久久不散。

檀香在清茶的浸泡下木质会变疏松，更有利于炒焙的时候浮香随温度蒸发，一水一火，至阴至阳，留下的都是一些大分子的香材。最纯粹的香味，与沉香合在一起，香气既不会过分霸道而抢了沉香的香气，又能使沉香的香气更加饱满。这应该算是早时期的分馏提纯。

除了沉香和檀香，其他的龙脑和麝香、甲香等都有止痛的作用，尤其是腹部疼痛，特别是女性的经期疼痛。在医疗不发达的古代，常见妇科病症中出了大力，想必也是此香方在宫中受宠的原因之一。需要说明的是，很多女性谈"麝"色变，其原因是被一些电影、电视剧中的"麝香可打胎"的艺术夸张剧情给误导了，其实麝香是很名贵的香材和中药材，只要运用得当、比例合理，是可以对人体健康起到积极作用的，大可不必"谈麝色变"，以科学理性的态度去面对传统文化即可。

甲香具有抗菌性又含有多种酶，可以增加在窨藏过程中多种微生物的

转化，因此，务必窖藏，这样才更有利于新香气的形成。

宋《果老仙踪图》（局部）台北故宫博物院藏

马牙硝的使用可以根据具体制作成香丸香饼还是线香盘香而酌情加减量，如果是制作香饼香丸，比例就按照原方使用，若是制作线香或盘香，马牙硝可减半使用。

"唐·开元宫中香"香气甜美旖旎，富贵大气，焚闻后感觉甜凉回甘，充满了盛世人间的烟火气。该香既适合在大型的聚会焚点烘托气氛，也可以在私密空间、卧室睡前促眠用。

唐·王孝杰帐中香

在唐朝、武周时期，有一位名将，他就是王孝杰。

影视节目《神探狄仁杰》中塑造了王孝杰，其生于京师长安附近（雍州，后来的京兆府）的新丰县，年轻时以军功晋级。

公元 677 年（仪凤二年），吐蕃进攻凉州（今甘肃武威）。王孝杰身为副总管，跟随工部尚书刘审礼领军西行抗击吐蕃。武则天时，任右鹰扬卫

王孝杰历史人物画像

将军。

公元 692 年（长寿元年），因为王孝杰曾经长期住在吐蕃，知道吐蕃的内情，于是武则天以王孝杰为武威道总管，与左武卫大将军阿史那忠节率兵讨击吐蕃并击败吐蕃，接连收复安西四镇，王孝杰因军功被授予左卫大将军一职。

长寿二年（693 年）西突厥部拥立阿史那俀子为可汗，联合吐蕃一同进攻武周。武威道大总管王孝杰与之战于冷泉、大领谷。

公元 694 年（延载元年）二月，王孝杰在青海湖附近，成功击败吐蕃与西突厥联军。

公元 695 年正月，武则天又任命王孝杰为朔方道行军总管，攻打后突厥。十月，后突厥默啜可汗遣使请降并归附武周。

行军打仗安营扎寨帐篷生活图

了解了王孝杰将军的平生履历，就不难理解这款香的出处渊源了，这是王孝杰在屡次率兵讨伐吐蕃途中所研制的帐中用香。

在中国历史上，大大小小的战役数不胜数，王朝更迭更是频繁，而在战争中，不仅需要军士，更需要军医。

但凡战役必有伤患，对于战役之中受伤的士兵，军医就是他们在战场上所拥有的最后一丝希望，军队陷入长期苦战之后，非战斗减员比例增高，军医治病救人的任务就会相应加重。而军医要承担救治数万军士的性命，所以军医的存在是十分必要的，而且军医也不同于普通的医生，他们不仅要医人还要医兽。

史籍中类似记载十分多："时大疫，人马牛多死。帝问疾于诸军。对曰：在者才十四五。"（《魏书·太祖道武帝》）"兵人不宜水土，疫病过半，若相持不休，兵自死尽，何须复战？"（《魏书·刁雍传》）

可见，除战斗因素外，疾病、瘟疫都在威胁着士兵的生命，因此一支军队要想保持战斗力，军医的自然设置是必不可少的。这个时候，作为军队大将军的王孝杰，既能领军打仗，又善懂医术，尤显弥足珍贵、优秀拔萃了。

"唐·孝杰帐中香"，就是一款运用到军营中的药香，充分运用了其药效功能。

此香香气浓郁入脾，能够醒脾、悦脾，还具有开胃、温养脏腑、增进饮食、抵御外邪的作用，作用于行军打仗的军营中，是再恰当不过了，尤其是中原人种长途跋涉去西域进行战斗，使用该香有效地让士兵开脾胃、增食欲、祛风寒、抗病疫、驱蚊虫、补中益气，进而保障了连打胜仗。

唐·孝杰帐中香香方之香材配伍：

沉香、降真香、安息香、乳香、白芷、七里香、零陵香、琥珀、元参、木粉、楠木粉。

此方药理是以君、臣、佐、辅进行配伍上述多款香材。只有君、臣、佐、辅各适其位，才能使不同香料尽展其性。

唐·杨贵妃帷中衙香

唐代贵族用香相当奢靡，除了以香入脂粉用来敷面润发、衣袖里藏香囊等这些六朝贵族已有的时尚用法外，暖帐中放着鸭形的熏炉，倚着沉香木做的庭阁吟诗作词；宴会的地毯四角压着沉沉的铜熏香炉或金香炉，舞蹈时不至于滑动；出门时在车前悬挂香球，奔驰起来连烟尘都染上香味；皇族贵胄们自己调制密香，举办香会，也都成为时尚。宋人陶穀《清异录》记载："唐中宗时，韦后与宗楚客兄弟、武三思、纪处讷等，各携明香，比试优劣，名曰斗香。"

唐代文人贵族皆有熏衣的爱好，用于熏衣的香料有沉香、龙脑、郁金香等，元稹《白衣裳二首》中的"空著沉香慢火熏"；李贺《嗰少年》的

明·周嘉胄撰《香乘》载"杨贵妃帷中衙香"

"龙脑入缕罗衫香";杜牧《偶呈郑先辈》的"画裙双凤郁金香",都很好地诠释了用香熏衣的流行。

熏衣香从用法上可分为"湿香"和"干香"。干香也称"浥衣香",是由数品芬芳之物调和而制,如沉香、藿香、白檀香等,多达十几二十种。然后包裹起来放入箱柜,夹置在衣服中间,除了熏衣外,还有防虫、防霉的作用。

此外,还有李廓《长安少年行十首》"划戴扬州帽,重熏异国香";章孝标《少年行》"平阴小猎出中军,异国名香满袖熏";柳宗元收到韩愈寄来的诗后的"先以蔷薇露盥手,熏玉蕤香后发读";唐朝贵族中无论男女,都讲求名香熏衣,香汤沐浴,以至于大臣柳仲郢"衣不熏香",被作为"以礼法自持"的证据;等等,这些都是当时衣熏香的证据。

衣衫飘香,是古人追求的一道"嗅觉风景"。其实早从秦汉以来,人们便崇尚用沉香熏衣后上朝,更于祭祀时以沉香熏体迎神,达官贵族、文人雅士,皆不离这缱绻清韵。

"云想衣裳花想容,春风拂槛露华浓。若非群玉山头见,会向瑶台月下逢。"

这首《清平调》是唐代大诗人李白描绘杨贵妃美艳的一首诗。

提起杨贵妃,也有其与香有关的小故事。传说杨贵妃身有体臭,为了避免皇上闻到狐臭,她让宫娥收来鲜花制成香水,而且天天多次沐浴,杨贵妃沐浴的汤池中间堆叠着沉香和宝石。杨贵妃沐浴完,会随身带香味浓烈的沉香荷包,所以她才凝脂雪肤,而且身上气味迷人,让唐明皇为之深深着迷。其是否有体臭现在已不可考究,但她爱用香的确不假。

唐·吴道子《送子天王图》局部——焚香图

帷幔中熏香是唐代皇室贵族生活中的日常风尚。文人描绘宫眷生活的诗词作品中，总有各种香气弥漫在寝帐里，如李白《清平乐·禁闱秘液》中的"玉帐鸳鸯喷兰麝，时落银灯香炧"。唐人用香非常细化，不同场景要焚不同的熏香。夜晚床帐中要焚熏安神助眠的帐中香，李商隐《促漏》中的"舞鸾镜匣收残黛，睡鸭香炉换夕熏"，"夕熏"就是焚烧于寝帐里的帐中香。

杨贵妃帷中衙香就是一款影响久远的历史名香，相传为杨贵妃珍爱之香品。此香为内廷皇帝与贵妃寝宫用香，熏烧无烟燥气，沉浸在香气弥漫的环境中，人的精神容易得到放松，空间的气场也变得清净祥和。

《香乘》中杨贵妃帷中衙香香方如下：

沉香七两二钱，栈香五两，鸡舌香四两，檀香二两，麝香八钱另研，藿香六钱，零陵香四钱，甲香二钱（法制），龙脑香少许，上捣罗细末，炼蜜和匀，丸如豆大，蒸之。

杨贵妃帷中衙香香品特点：配伍严谨，注重香药的炮制与和合，香气馥郁、清幽淡雅、芳泽溢远。适宜于书斋琴室、寝室客厅、禅房净舍、会客迎宾等。

唐·御苑嘉瑞香

张嘉应《大唐盛世》

"御苑嘉瑞香"为唐代宫廷名香，被历代制香人称为古方合香里的"霸王香"，此香方在流传的历代，被宫廷香师们综合了洛阳皇室贵族所用香方"三均煎"、北宋宣和年间宫中的"非烟香方"，采用极上等的海南沉香、越南的红土、古龙涎、南洋梅花龙脑合制而成，香韵甜柔清净，富贵雅致，气息纯正高远。

在国力鼎盛的唐宋时期，宫廷香方最为精要之处，便是香品的香意。银装素裹的巍巍皇居，琼楼玉宇也为之凝碧，王宫贵族们一起围炉赏雪，既闻香避寒又极显富贵尊荣祥瑞之意境，因此，御苑嘉瑞香既有清幽温润又有避寒销金帐之功效，符合了帝王将相们精神与肉体的双重享受。

"御苑嘉瑞香"有"北苑名芳香"和"御前香"这两个香方的影子，又兼顾了两者之优点，前者以玄参、枫香为主香，将甘中带苦的玄参与香味柔和的枫香结合，香品清幽雅致；后者则以沉香为主，辅以片脑、檀香、龙涎、麝香、苏合、花露等，柔和诸香，其香品温而不燥、尊贵浓郁。

明代《四库全书》之《香乘》记载："北苑名芳香，按北方黑气主冬季，宜围炉赏雪焚之，有幽兰之馨。"故在大雪纷飞之际，虽天气寒冷，但有暖香为伴。在配香时，适当加入有驱寒功效的香料，自有焚香取暖的效果。

宋《梦粱录》记载："季冬之月……如天降瑞雪，则开筵饮宴，塑雪狮，装雪山，以会，浅斟低唱，倚玉偎香。"叫上三五知己，静享清奇，听取"远近梅花信"，赏"高低柳絮风"，焚"御苑嘉瑞香"，志"和月上晴空"，一派幽闲雅意呈现眼前。

《香乘》原著局部

将《香乘》记载的香方换算为现在克重比例后香方为：

沉香 175 克、片脑 10 克、檀香 15 克、龙涎香 2.5 克、排草脑 10 克、唵叭 25 克、麝香 2.5 克、苏合油 0.3 克、榆面 10 克、花露 200 克、枫香 12.5 克、玄参 10 克、乳香 75 克、炭粉 15 克。

御苑嘉瑞香虽然有十几种香材和合而成，但都算是常见香材，唯有一款很是费解，那就是"唵叭"。

唵叭，香名，梵语音译为胆八，亦作唵吧香。以胆八树的果实榨油制成，能辟恶气，又称胆八香。

御苑嘉瑞香初香霸气，中段凉意十足、温婉亲和，尾香乳韵悠长、余香绕梁，不愧被誉为"闻过此香无他香"，是真正的上等御制香品。其不仅能够带来感官上的享受，还能够在焚香的过程中，通过浓郁而持久的香气，传达出一种尊贵和雅致的气息，使人仿佛置身于帝王般的氛围中。

南唐·鹅梨帐中香

鹅梨帐中香，可谓老生常谈，对初学香道的人来讲，也是耳熟能详的一味香方了，这大概源自一部热播的电视连续剧《甄嬛传》对此香的演绎。

虽是老生常谈，但因之经典，因此还是整理录入于本香集中，下面依据古籍记载详解鹅梨帐中香，便于读者品读实操。

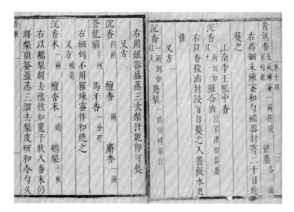

《香乘》记载江南李王帐中香

沉香末一两，檀香末一钱，鹅梨十枚，再以鹅梨刻去穰核如瓮子状，入香末，仍将梨顶签盖，蒸三溜，去梨皮，研和令匀，久窨可蒸。

古代的文人雅士，会在卧室门里挂上一层纱幔，然后在帐幔中焚香，就叫作帐中香。其可以陶冶情操，增加一些生活情趣，雅致而惬意。

鹅梨帐中香的作者南唐李王李煜，他制成的鹅梨帐中香也被人称为"江南后主帐中香"。相传李煜制香的契机是因为他和他的夫人周娥皇夫妻恩爱，一起研发。

在调香过程中，有以下几点要领：

要领一：合药须鹅梨，岭外固无有，但得凡梨梢佳者，亦可用。

要领二：以楒梓实初熟时，置衣笥中，其气芬馥。

大意就是在鹅梨刚刚成熟的时候（采摘新鲜鹅梨），放在装衣服的竹筐中。它的气味十分芬芳，这样不仅香气很浓郁，而且因为它的糖分高，所以果肉的黏度也很高，不需要黏粉就可以直接用手搓成香丸。

要领三：多蒸煮、凉透几次，直至香粉与梨肉模糊混为一体，剥去鹅梨表皮，把梨肉与香粉搅拌成香泥制香丸或香饼备用。

笔者的姥姥在制作鹅梨帐中香

此古香方原为隔火空熏香品，非明火点燃焚香，市面上常见的"鹅梨帐中香"线香，多是借鉴古方但不用鹅梨改用梨汁或梨汁香料而加工的，因为梨肉经过高温会有很浓的焦糖煳味，不但不好闻，还特别刺鼻。

鹅梨帐中香主要三味香材，即沉香、檀香、鹅梨。主要突出鹅梨的香甜，后味有沉檀之韵味，隔火空熏后酷似梨花的甜香，细腻清甜，沉香"借"梨汁果香，让梨汁清而甜的芳香融入沉香，甜而不腻，悠远绵绵，闻之舒心，正所谓"一夜帐中香燃尽，万缕梨韵遗千年"。

沉香，别称特别多，如蜜香、栈香、沉水香、琼脂、白木香、莞香等，因其黑色芳香，脂膏凝结为块，入水能沉，故称"沉香"。

沉香产地主要是我国海南，广西壮族自治区、福建省等地区以及海外如印度尼西亚、马来西亚、越南等地也有产出，并且产量比我国要大且质量更优。

鹅梨帐中香主要香材——沉香

沉香的形成是因为沉香树受到外界伤害后，通过分泌树脂进行自我保护，进而与外界真菌群发生反应，经过长时间的自然作用，形成的油脂和木质纤维的结合体。

沉香的形成过程可以分为以下几个关键步骤：

（1）外界伤害：沉香树受到的外界伤害可能包括雷劈、虫蛀、人为砍伤等。

（2）树脂分泌：树木受伤部位会分泌出树脂，这是一种自然的自我保护机制。

（3）真菌感染：分泌出的树脂可能会通过伤口部位感染到外界特有的真菌群，这些真菌与树脂在反复的感染中可能会发生病变。

（4）长时间的自然作用：经历几十甚至上百年的时间，病变的油脂和木质纤维在自然作用下结合，最终形成沉香。

沉香的形成不仅是一个自然的过程，也是一个需要长时间积累的过程。它的形成条件包括特定的自然环境、适宜的微生物群落以及树木自身的生理反应。因此，沉香的稀有性和价值在很大程度上源于其形成的难度和时间的漫长。

沉香香品高雅，而且十分难得，自古以来即被列为众香之首。

相比沉香而言，檀香除了在我国广东有少量种植以外，主要是靠进口，如澳大利亚檀香、新山檀香（澳大利亚）、老山檀香（印度）、地门香（印度尼西亚）、雪梨香（西澳、北澳）等。

鹅梨帐中香三蒸三馏示意图

鹅梨帐中香捣香泥细节图

衣笥，盛衣服的竹器。

唐代薛用弱《集异记·李汾》写道："女起告辞，汾意惜别，乃潜取女青毡履一只，藏衣笥中。"宋代丁谓《丁晋公谈录》中记载："（艾仲孺）尝闻祖母当日于归时，衣笥中得黑黩衣。"

姥姥准备蒸制鹅梨帐中香情景

另说：南唐后主李煜的爱妃小周后是多才多艺的美女，不仅善于作词、唱歌，而且精通香道，她发明了"鹅梨蒸沉香"，使沉香巧妙融合梨汁的清甜果香，芳香幽远，沁人心脾。

衣笥，盛衣服的竹器

此香特色就是香味馥郁有层次，初香是瓜果香甜气息；熏至中段，会有清凉的花香味；尾香又有沉檀的甘醇厚重袅绕，是一款经典的适合多种场合熏香品味的良方。

前味·水果香甜　　中调·花香清凉　　尾香·木香甘醇

鹅梨帐中香香段示意图

五代十国·花蕊夫人衙香

冰肌玉骨，自清凉无汗。

水殿风来暗香满。

绣帘开，一点明月窥人，

人未寝，欹枕钗横鬓乱。

起来携素手，庭户无声，

时见疏星渡河汉。

试问夜如何?

夜已三更,金波淡,玉绳低转。

但屈指西风几时来,

又不道流年暗中偷换。

——苏轼《洞仙歌》

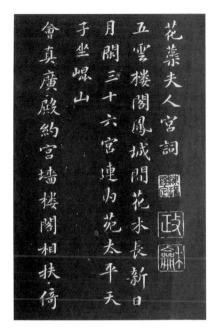

苏东坡书《花蕊夫人宫词》(局部)

《洞仙歌·水肌玉骨》这首词,作者通过追忆五代后蜀国君孟昶极其宠妃花蕊夫人夜起纳凉之事,寄拖自己对时光流逝、人生蹉跎的感慨。

这首词作知名度极高,读完令人神往,描绘了一幅优美静谧的宫中夏夜纳凉图,道尽了美人风骨,但是很少还有人记得其诗中美人刻画的"花蕊夫人衙香"的主人公花蕊夫人。

唐寅《侍女图》

花蕊夫人,五代时后蜀末代皇帝孟昶的宠妃,四川青城人,女词人。

因其知音律、善诗词,又冰雪聪明,善解人意,深受孟昶喜爱,封贵妃,赐号"慧"。又因其艳绝尘寰,"花不足以拟其色,蕊差堪状其容",故赐号"花蕊夫人"。

花蕊夫人不光才艺绝佳,还是一个容貌倾国倾城的女子,相传蜀君孟昶知道花蕊夫人喜欢芙蓉和牡丹后,于是为美人建牡丹芙蓉苑,每逢花开时节,整个城中花团锦簇、姹紫嫣红,就连成都的"蓉城"之称也是由此而得名。

花蕊夫人姿容绝世,能文能武,尤擅宫词,传世有《宫词》百首,香方数款,同时还使得一手好剑,美人戎装束甲、飒爽英姿。

自古以来，香与美人就密不可分。夫人也爱香。据《十国春秋》记载，花蕊夫人与孟昶夏夜曾登楼望月，花蕊以龙脑粉末涂抹在白色的绢扇上，绢扇坠落地上为人所得，蜀人争相仿效此扇，并取名为"雪香扇"。

"花蕊夫人衙香"是花蕊夫人传世的名香之一。因其信佛，故所组香方既有佛家之庄严，又不失宫廷香品之华贵，衙香用料考究，配伍严谨，比起现在的香水，多了一份淡雅，令人为之着迷。

记载于《香乘》卷十四《法合众妙香》中的"花蕊夫人衙香"，这一香方绝对是五代十国时期香方中的翘楚。原文载：

沉香三两、栈香三两、檀香一两、乳香一两、龙脑半钱（另研，香成旋入）、甲香一两（法制）、麝香一钱（另研，香成旋入）。

右除脑、麝外同捣末，入炭皮末、朴硝各一钱，生蜜拌匀，入磁盒，重汤煮十数沸，取出，窨七日，作饼爇之。

仇英《仕女图》

《香乘》载"花蕊夫人衙香谱"

这是一款穿越千年的美人香，纵观历史长河，多少流传百世的奇女子，在诗人的笔下给我们留下了无数的悬念和好奇，史料记载中更是扑朔迷离。这款以女子命名的神奇的香品，层次感十分丰富，层层叠叠的感觉一波一波地袭来。清凉的香气混合着乳香的质感，在时空中交融碰撞后，五代十国那种神秘的后宫气息更加立体和鲜明，为后世喜香之人所爱，经久不衰。

宋·辛押陀罗亚悉香

辛押陀罗亚悉香，此味香方为音译而成。辛押陀罗是宋代大食国使节（阿拉伯帝国使节）的名字；亚悉香是当时阿拉伯帝国进贡给大宋的香料中的一种。

唐代以来的中国史书均称阿拉伯帝国为"大食"，7世纪中叶起，唐代文献将阿拉伯人称为多食、多氏、大实等。科尔多瓦哈里发国因为

唐·李贤墓壁画《客使图》

旗帜尚白，所以中国史书称其为"白衣大食"；阿拔斯王朝因为旗帜尚黑，被称为"黑衣大食"，法蒂玛王朝被称为"绿衣大食"。

古希腊学者希罗多德曾赞美"整个阿拉伯都散发出极佳美的芬芳"，种植香料，调制熏香、香膏，蒸馏香水是阿拉伯人自古以来的传统。

两宋时期是阿拉伯与中国香料贸易的繁荣时期，大量的阿拉伯的

龙涎香、乳香、蔷薇水、蕃栀子等香料输入中国，促进了宋代香文化的繁荣。由于进口的名贵异香都被送往皇宫，百姓多不可得。于是民间常用合香的香材来模拟名贵香料，辛押陀罗亚悉香就是这样而来的一味香方。

辛押陀罗亚悉香的配伍材料如下：

沉香、兜娄香、檀香、甲香、丁香、麝香、大芎、降真香、米脑、鉴临、安息香、蔷薇水、苏合油、楠木粉。

安息香是波斯语 mukul 和阿拉伯语 aflatoon 的汉译，原产于中亚古安息国、龟兹国、漕国、阿拉伯半岛及伊朗高原。《酉阳杂俎》记载安息香出自波斯国，作药材用。《新修本草》曰："安息香，味辛，香、平、无毒。主心腹恶气鬼。西戎似松脂，黄黑各为块，新者亦柔韧。"

安息香香材

安息香为球形颗粒压结成的团块，大小不等，外面红棕色至灰棕色，嵌有黄白色及灰白色不透明的杏仁样颗粒，表面粗糙不平坦。常温下质坚脆，加热即软化。气芳香、味微辛。

安息香有泰国安息香与苏门答腊安息香两种。中国进口商品主要为泰国安息香，分为水安息、旱安息、白胶香等规格。

安息香与麝香、苏合香均有开窍作用，但它们的芳香开窍之力有强、弱的不同，麝香作用最强，安息香、苏合香开窍的功能相似，而麝香兼有行气通络、消肿止痛之功，安息香可行气活血，又可用于心腹疼痛、产后血晕之症。

据中国医学科学院药物研究所报道，中国的粉背安息香树（分布于云南、广西、广东）、青山安息香树（分布于广西）、白叶安息香树（分布于广西、广东）亦能生产安息香。经定性定量试验结果，除青山安息香树、白叶安息香树树脂的总香脂酸含量略低于中国《药典》规定之外，树脂的其他指标及化学鉴别反应均合乎《药典》规定。

鉴临这味香，在整个香道界，也是历代难解的谜，就算是明代大家周嘉胄在整理编写《香乘》的时候也是备注"鉴临二钱（另研，详或异名）"字样，因此，笔者在整理这方香的时候也是卡壳在这味香上，直到近几年的海外生活，才把这个疑团拨开。

通过上面的介绍，已知这款香是舶来香，香方的名字"辛押陀罗亚悉香"是音译而成，"辛押陀罗"是大食国使节的名字；亚悉才是这款香的真实名字（大食国本国的称谓/音译）。

奇楠香材

笔者近几年旅居海外，身边有很多阿拉伯国家和地区以及伊朗、巴基斯坦等国的朋友，聊天中经常会互学对方国家和民族的语言，聊对方国家的文化和特产，会聊到伊朗的茶、斯里兰卡的茶、尼泊尔的香、阿拉伯国家的香料等。笔者想到了"辛押陀罗亚悉香"，便经常找机会让他们分别对"鉴临（Jian lin）与伽蓝（Jia lan）发音"，于是就有了答案，感觉被迷惑了几百年的谜底终于被揭开神秘的面纱。本款香方里的另一款香材"安息香"也是波斯语 mukul 和阿拉伯语 aflatoon 的汉译。

奇楠由沉香升华质变而成，但需要极其苛刻的特殊条件。奇楠属于沉香，但一块沉香里却未必有奇楠。清代查慎行《与陈漳浦莘学话旧》有诗云："山租输海贝，市舶贱迦楠。"奇楠是极品沉香中的极品，古代称为琼脂，比其他沉香更加温软。奇楠是瑞香科植物，沉香或白木香中近根部有多量树脂的木材。奇楠的香味高雅尊贵，唯亲身体验方能感受。

自汉朝起，皇室祭天、祈福、礼佛、拜神、室内熏香，奇楠为最重要香材。四库全书中记录以占城（今越南南部地区之王国）为首，所出奇楠最优及正统。

沉香五兩

楼香二兩半　紫檀香二兩半

米脑一兩

梅花脑二錢半　麝香七錢半

木香一錢半

金顏香一兩半半　丁香一錢半

石脂半兩好者　白芨二兩半　腾茶新者一胜半

右為細末次入腦麝研勻皁兒仁半觔濃煎膏硬和杵

千百下脫花陰乾刷光磁器收貯如常法爇之

钦定四库全书　卷十七　十三

沉香五兩　兜婁香五兩　檀香三兩

甲香三兩製　丁香半兩　大石芎半兩

降真香半兩

安息香三錢　米腦二錢白者

麝香二錢　鑒臨二錢另研詳式具名

右為細末以薔薇水藕合油和劑作丸或餅爇之

瑞龍香

沉香一兩　占城麝檀三錢　占城沉香三錢

迎閣木二錢　龍涎一錢　龍腦二錢金脚者

檀香半錢　篤耨香半錢　大食水五滴

辛押陀羅亞悉香沈

明·周嘉胄撰《香乘》载"辛押陀罗亚悉香"

蔷薇水就是现在的玫瑰香水或者玫瑰香精，是蔷薇科玫瑰、月季等古法蒸馏的液体，在此方中，蔷薇水起到辅料的作用。

宋·宣和御制香

宣和御制香为宋徽宗御制名香，此香被视为宫中圣物，徽宗皇帝常以此香赏赐近臣，历代以来为制香家所推崇。

北宋宣和年间（1119—1125 年），大量香料传入中国，熏香文化蔚然成风。在此期间宫中制香非常频繁，并专门设有"造香阁"，凡阁中所造之香统称为"宣和香"。《癸辛杂识外集》记载："宣和时常造香于睿思东阁，南渡后如其法制之，所谓东阁云头香也……"

此香香气冷峻，意蕴深长，华而不俗。可醒神开慧，通经祛秽，是书斋、居家、修行所需之珍品。也可在众多公共场所燃用，以净化空气，消除异味，保健养生。

宣和御制香香方如下：

沉香 七钱，切碎成麻豆大小；檀香 三钱，切碎成麻豆大小，炒至黄色；金颜香 二钱，单独研磨；背阴草（选用不靠近土壤的，也可用浮藻代替）、朱砂 各二钱，飞细；龙脑 一钱，单独研磨；麝香（单独研磨）、丁香 各半钱；已制好的甲香 一钱。

将以上原料用皂荚煮的水浸软，盛入一只定碗①中，用慢火熬制，使之变得极软。调制香品时，在其中依次放入金颜香、龙脑、麝香，研磨成粉，调和均匀，用香脱印制，外面用朱砂包裹，放置在避风、避光之处窖藏，使之阴干，焚烧之法如常。

皂荚为豆科植物皂荚的果实或不育果实，其主要作用有以下几个。

（1）祛痰：皂荚含皂甙类的药物，能刺激胃黏膜，从而反射性地促进呼吸道黏液分泌，产生祛痰作用。

皂荚

（2）开窍散风：皂荚可用于治疗痰厥昏迷，用皂荚研末吹鼻取嚏，可通窍醒脑。

（3）消肿杀虫：皂荚和蓖麻仁、黄柏等研末外敷，可治疗痈疽、疮疡、阴囊肿痛有一定功效；皂荚和雄黄、蛇床子、轻粉等外用，可消肿杀虫。

（4）通便：皂荚有刺激性，食用后可对胃黏膜产生一定的刺激，从而

---

① 定碗，定窑大碗。定窑为宋代的名窑之一。

导致肠道功能减低，有泻下的功效。

在宣和御制香香方中，还很好地论证了有关"定窑"的相关问题。定窑为宋代五大名窑之一，窑址在今河北省曲阳县涧滋村、野北村及东西燕川村，在宋代属定州（今河北省定州市），故名。

宋代定窑大碗

定窑创烧于唐，极盛于北宋及金，终于元。以产白瓷著称，兼烧黑釉、酱釉和绿釉瓷，文献分别称其为"黑定""紫定"和"绿定"。

宋徽宗赵佶，为中国北宋的倒数第二位皇帝。他政治低能却才艺绝伦，于书法、绘画、茶道、器物等方面均有创新。宋徽宗尤为爱好瓷器雅玩，以朝廷之力管理烧造瓷器，力促当世的制瓷业精益求精，推陈出新。著名的汝官窑、钧官窑、汴京官窑等都是在他主政时期设立并投产烧造的，代表了当时世界制瓷业的最高水平。

但是，关于定窑到底是不是官窑，北宋尤其是北宋晚期皇宫中究竟是不是已弃用定瓷的问题，古文献中有着否定性的记载，学界历来也因而存在争议。如南宋顾文荐的《负暄杂录》和叶寘的《坦斋笔衡》中都说："本朝以定州白瓷器有芒，不堪用，遂命汝州造青窑器，故河北唐、邓、耀州悉有之，汝窑为魁。"南宋陆游在其《老学庵笔记》中也说："故都时，定器不入禁中，惟用汝器，以定器有芒也。"那么北宋尤其是北宋晚期皇宫中是否真的弃用定瓷了呢？

这款"宣和御制香"就很好地论

宋徽宗《文会图》

证了以上观点是错误的。另外，宋徽宗赵佶的一幅《文会图》也给了我们非常明确的答案。

《文会图》中绘有瓷质器具可数的有 145 件（其中二器合套，如台盏的盏与盏台合一的计为一件，分开放的计为二件，下同）。在图中，文士围坐的正席黑漆大几案上，共绘置有包括台盏、果盘、注壶、带饰白花玻璃罩灯座（烛台）、小碟、小碗等各种瓷器 122 件，案旁二侍女子中持瓷器 2 件，合计 124 件；席外旁边下首不远处设有一茶肴调制处，该处的桌案上、火炉上、桌腿旁及侍者手中，共有大盘、执壶、经瓶、茶叶罐及台盏、浅腹碗等各种瓷器 21 件，两处合计共 145 件。从图中茶肴调制处一侍者正手持茶匙从一茶叶罐中往茶盏内取置茶叶以及桌腿旁有一带盖口包布经瓶（即后世所称梅瓶，实为盛酒器）的情形来看，图中瓷器绝大多数均为茶酒具或称茶道具（日本习惯称"茶道具"）。

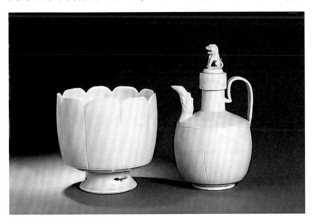

宋瓷"定窑"执壶

这些瓷器中，除席外茶肴调制处的桌案上有 8 件台盏的盏台为黑釉白边器外，其余 137 件全部为白中微泛黄的白釉或白釉地图案瓷器。这 137 件中，又有 52 件明显是白地蓝花瓷（疑为青花，下节详论），其余 85 件属于白釉瓷。当然，从图中设色可明显看出，这种白釉实际上是白中泛微黄的，有的黄色还稍深一些。

在聊文人雅事时，反复提到"焚香点茶，挂画插花，四般闲事，不宜戾家"。焚香作为四大雅事之首，渗透着宋代文人的生活品位和美学追求。

文人四季，传统美学，在阵阵香风间，是先人对于生命意义的理解和尊重，也为如今忙碌的人们提供了一种具有审美意味的生活方式。

宋·苏内翰制衙香

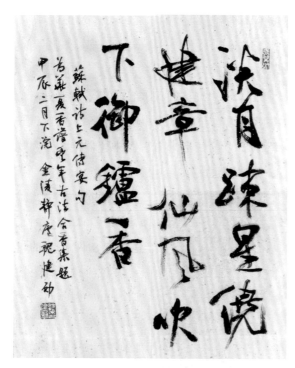

江苏省书法家协会副主席、南京市书法家
协会副主席魏建勋为本书题写苏轼名句
"淡月疏星绕建章，仙风吹下御炉香"

衙香，在宋代文人阶层当中流行，是深受宋代文人喜爱的香方之一。衙香多以名贵沉香为主香制作，更高端的还会加入蔷薇水。而"苏内翰贫衙香"是唯一一款以檀香为主的衙香，苏内翰即苏轼，因曾任翰林学士而得此称谓。

苏内翰制衙香也称苏内翰贫衙香，其中的"贫"其实是一种意境，所有衙香的方子制作多以沉香为主香，唯有苏内翰贫衙香没有沉香，贫衙香的"贫"字便出于此。苏轼不拘泥于固有的香方，对调香抱有"九衙尘里任逍遥"的理念。他在杂文《香说》一书中点评过温成皇后配伍的阁中香（本书中名为"温成阁中香"），称赞此香很有意趣，认为熏多了名贵香料，会产生嗅觉"审美疲劳"。此书将苏轼的风骨展露无遗，可见香之趣不仅只是味道，更需要一种审美的态度和品位。

周嘉胄在《香乘》卷十四法《和众妙香（一）》中记载该香如下：

白檀香四两（砍作薄片，以蜜拌之，净器内炒如干，旋入蜜，不住手搅，以褐色止，勿令焦）、乳香五粒（生绢裹之，用好酒一盏同煮，候酒干至五七分取出）、麝香一字、玄参一钱。

右先将檀香杵粗末，次将麝香细研入檀，又入麸炭细末一两借色，与玄、乳同研和令匀，炼蜜作剂，入磁（瓷）器实按密封，地埋一月用。

宋代毛滂《蝶恋花（其九）欹枕》中写有"初换夹衣围翠被。蔷薇水润衙香腻"。"富香"与"穷香"是依香料价格划分，但对香本身来说没有高低贵贱之分，万物皆有其自然之香。

明·陈洪绶《行香图》（局部）

古往今来，凡高阶品香，从来无关贫富、贵贱。缕缕轻烟，讲究的只是一份心境，无论何时，无论何地，能有一炉香，静静地散发芬芳，不为喧嚣尘世所扰，守住初心，不忘闲趣，保持生活的雅致，才是无限的美好。

注：汉唐时期的 1 两折合今制约 13.8 克。1 两 = 4 分 = 10 钱 = 40 字；1 分 = 0.25 两 = 2.5 钱 = 10 字；1 钱 = 0.1 两 = 0.4 分 = 4 字；1 字 = 0.025 两 = 0.1 分 = 0.25 钱。

宋·温成阁中香

温成阁中香在《香乘》原著中名为"脱俗香"，本书更名为"宋·温成阁中香"。

温成皇后画像

更名是有依据的，脱俗香是温成皇后的阁中香，温成皇后即宋仁宗时期的张贵妃。张贵妃所制的这款脱俗香，最大的特点就是摒弃了当时宋人疯狂消费沉香、檀香、龙脑、麝香等奢侈之风，采用荔枝壳、楔榴核（楔楂）、苦楝花、橙皮等朴素的香材，用气息鲜明而成本低廉的花果制作的香品，香韵清新脱俗而得名。

脱俗香香方如下：

香附子（半两，蜜浸三日，慢焙干）、橙皮（一两，焙干）、零陵香（半两，酒浸一宿，慢焙干）、楝花（一两，晒干）、楔榴核（一两）、荔枝壳（一两）。右并精细拣择，为末，加龙脑少许，炼蜜拌匀，入磁（瓷）盒封，窨十余日，旋取烧之。

橙皮，有生津止渴、健胃消食、理气化痰、清心提神、美白皮肤等功效，适当使用对身体有一定好处，用在此香方中，主要起到清心提神的作用，因为橙皮中含有大量的香精油，有清新空气、提神醒脑的作用，有助于促进精神状态的恢复。

楝花，是楝或川楝的花，性寒、味苦，归肝经。楝花香有较强的驱蚊和防虫作用，能有效减少蚊虫叮咬，降低疾病传播的风险。楝花香中含有抗菌和消炎成分，其富含的苦楝素对某些细菌和炎症有抑制作用。楝花香具有镇静和放松的效果，有助于缓解焦虑、压力和紧张情绪，提高睡眠质量。

楔榴核，此处更正一下，手抄本《香乘》中的楔榴应为"楔楂"，楔楂别名很多：木李（《诗经》）、蛮楂、瘙楂（《本草拾遗》）、木梨（《埤雅》）、海棠（《广州植物志》）、土木瓜（《药材资料汇编》）。其主治消痰，祛风湿，对恶心、泛酸、痢疾等也有效果，其核焙干磨粉可入香。

荔枝壳，为无患子科植物荔枝的果皮，呈不规则开裂，表面赤褐色，有多数小瘤状突起，内面光滑。荔枝皮味苦，性寒，入心经，具有止痢、止血、促消化的功效。炮制后的磨粉可入香，也可单独焚点，其味纯阳，性微热，解秽辟寒。

炼蜜，即熬炼蜂蜜，详情查阅本书单方香目录。

左：北宋吉州窑绿釉莲瓣纹狻猊出香 安徽宿松北宋元祐二年（1087年）墓出土

右：故宫博物院藏宋代《维摩演教图》中的狻猊出香

温成皇后大胆地把当时民间最低档的香品在工艺上加以精致化，然后搬用到宫廷生活之中，与其他后妃殿阁中呈现全然不同的气息，在宫规森严的后宫，她却活得明快鲜亮、嚣张肆意。看来此女确实很有些出人意外的聪慧，所以能在生前那般地得天子宠爱，有诗云：出水芙蓉脱俗香，冰清玉洁扮红妆。

这款香的香气圆润柔和，十分淡雅，具有疏肝解郁、健脾燥湿的香养功效。

宋·雪中春信香

钦定四库全书

右以茶为末入井花水一碗与香同煮水干为度卿
过戟搽作剂丸如鸡头大或散烧
去臕茶残降葛为细末加龙脑半钱和匀白蜜练令

江梅香

少许　麝香少许　乳钵内研以匙
零陵香　茴香各半两焙　茴香半钱　龙脑
右为末炼蜜和匀捻饼子以银叶衬烧之

蜡梅香

陵叶百饼浓黄江上梅
歇回百盐丁香一撒茴麝香少许可退裹更加五味零
沉香　檀香各三钱　丁香六钱　龙脑半钱　麝香

一钱
右为细末生蜜和剂焚之

雪中春信

沉香一两　白檀　丁香　木香各半两　甘松　叶

钦定四库全书

香　零陵香各七钱半　回鹘香附子　白芷　当归
官桂　麝香各三钱　棺榔　荳蔻各一枚
右为末炼蜜和饼以基子天成脱花样烧如常法

雪中春信

许　檀脑一钱别　郁金二两　羊胫炭四两
香附子四两　檀香一两别　麝香少
右为末炼蜜和匀焚之如常法

雪中春信

檀香半两　桉香　丁香皮　樟脑各一两二钱　麝
香一钱　杉木炭三两

春消息

右为粗末炼蜜和得剂以磁盒贮之地坑内窨半月
丁香　零陵香　甘松各半两　茴香各一分

春消息

丁香百粒　茴香半合　沉香　檀香　零陵香
沉香一两　白檀　丁香　木香各半两　甘松　叶

844-299

典籍中对"雪中春信"的记载

有典故记载，宋哲宗元祐五年（1090年）春，正月初七的早晨，杭州下起了飘飘洒洒的小雪，苏轼院中的梅花在薄薄的银纱般雪下，花姿姣丽，暗香涌动。苏轼取出御赐玉碗，吩咐爱妾朝云和侍女取梅花花心之雪放于其中，并叮嘱取雪时要摒弃杂念，存感念天地和爱梅之心，不可伤及梅花。

这天正是苏轼要完成"雪中春信"印香合香的日子，这场春雪，仿佛是上天送与他的一份礼物。待朝云与侍女采雪归来，碗中的雪部分已经融化，带有花粉的雪水闪着淡而晶莹的光泽，散发出幽幽梅香。他按顺序把配好的香药在合香盘铺撒一层，用鬃刷弹上一层玉碗中"梅魂雪魄"的花露，然后再铺一层香药，再弹上一层花露，待到香药基本润透之后，开始合香。

合香完成后已是中午时分，苏轼取做好的香粉制成篆香后点燃，那氤氲的香气，好似万株梅树同时喷香，可谓"梅魂雪魄合佳香"。

千年后的今天，苏轼和"雪中春信"印香的故事是否真正如此我们不得而知，但是透过这个唯美的故事，可以感受到苏轼"爱香""惜香"的品质以及其精湛的和香技艺。

明代文学家屠隆曾就苏轼先生和香和品香的境界作总结道："和香者，和其性也；品香，品自性也。自性立则命安，性命和则慧生，智慧生则九衢尘里任逍遥。"如此不凡之境界，真是品香品到极致了。

雪中春信因其气味幽凉，闻之使人心静，于冷香中嗅得花开之味而得名。其香方在四库全书的原文如下：

沉檀为末各半钱，丁皮梅肉减其半，拣丁五粒木一字，半两朴硝柏麝拌。此香韵胜殊冠绝，银叶烧之火宜缓。

禅意大写意画家近僧为本书创作《高士赏梅图》

关于雪中春信香香方，宋代《陈氏香谱》和明代名著《香乘》均有记载。本香在制作中，沉香、檀香、烘干的香梅肉、丁香皮、木香、麝香研磨，朴硝单独研磨，严格依照"君臣佐使"炮制出香，此香韵胜殊冠绝，气味幽冷，闻之使人心静，于冷香之中嗅得花开之味。

宋·庭芳藏春香

小閣藏春閒窗鎖晝畫堂無限深幽篆
香燒盡日影下簾鈎手種江梅更好又
何必臨水登樓無人到寂寥渾似何遜
在揚州從來知韻勝難堪雨藉不耐風
柔更誰家橫笛吹動濃愁莫恨香消雪
減須信道掃迹情甾難言霎良宵淡月
疏影尚風流
丰年師兄雅鑒 双梁書於廣東

青年书法家李双梁书李清照《满庭芳·小阁藏春》

此香方名字源于宋代著名才女李清照的一首词《满庭芳·小阁藏春》："小阁藏春，闲窗锁昼，画堂无限幽深。篆香烧尽，日影下帘钩。"词中描绘了乍暖还寒的初春、充满生机的白昼、小阁、闲窗、画堂、篆香、帘钩等上层社会中的妇女富贵而安闲的场景。

古人制香意义不同，或是生活所需，或是文人雅趣，或是修身养性。如今看来顺应节气制香，更是一种顺应自然规律的雅趣，是中华传统文化的精华所在。一年之计在于春，万物生发，山河新绿，桃李争芳，杨柳依依，大自然令人望之胸中开阔，因此春天也成为文人墨客诗词、绘画乃至调香中长盛不衰的题材。

《陈氏香谱》《香乘》中便记载了诸如藏春香、东阁藏春香、雪中春信、春消息等关于春天的香方。

"庭芳藏春香"严格按照古方配伍。收录这款香方的时候，笔者认真翻阅了载有藏春香的《香乘》与《陈氏香谱》二者所记载的藏春香，配方略有出入，本书选择了《香乘》中的原方为例：

沉香二两，檀香二两，酒浸一宿，乳香二两，丁香二两，降真制过者一两，榄油三钱，龙脑一分，麝香一分，右各为细末。将蜜入黄甘菊一两四钱、玄参三分锉，同入瓶内，重汤煮半日，滤去菊与玄参不用。以白梅二十个，水煮令浮，去核取肉，研入熟蜜，匀拌众香，于瓶内久窨可爇。

译文为：

沉香100克（酒浸一宿），檀香100克（酒浸一宿），乳香100克，丁香100克，降真香50克，橄榄油15克，龙脑3克，麝香3克，（黄甘菊70克、玄参9克）同蜂蜜煮泡半日，滤去菊与玄参不用，白梅20颗，水煮令浮，去核取肉，研入熟蜜，匀拌众香成香丸，制成后晾干窨藏，藏久弥香。

仔细阅读原方，不难发现，这款香方与其他香方的最大区别就是多了许多炮制工艺。按照君臣佐使的顺序，君料中的沉香、檀香均用黄酒"炮制"；作为佐料方的降真香也是"制过"，因此才制作出了这款温润醇厚、顺应时节、调养生息、养心养神的合香，使人焚香而感知寒中有暖，春的气息扑面而来，闻者心动、气动、神动。

此款香较"雪中春信香"制作更为讲究和繁复，且配伍中有橄榄油、黄菊、炼蜜、白梅等不易明火燃熏的香材，故只做成隔火空熏的香丸使用。

庭芳藏春香整体香气天然清新，带有酸甜的梅子果味，还有龙脑的丝丝凉意。麝香的加入增添了温软的花香，使气味更显柔和，如拂面而来的春风般温暖。焚一炉雅香，静静感知，寒中有暖，万物逢春。

宋·霄汉百步香

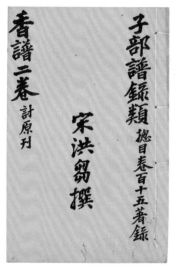

宋·洪刍撰《香谱》

合香在中国传统文化中有一套特定的传统，从秦汉到魏晋南北朝，从唐宋到元明清。丝绸之路的开通，外来香药的传入，蓬勃了中国香文化的发展，并从理论技法上糅合本土道儒思想，融合为中国人文精神的一部分。

合香是中国传统香艺的根本，用多种天然的香药香料通过君臣佐使的配伍调制而成，需要有合理的配方和严格的炮制技艺，香学承彰了圣人贤达、文人雅士的情志与素养，更是和香者修为及意蕴的格局显现。

此款香方中的作者洪驹父便是洪刍。洪刍，字驹父。他所著《香谱》为现存最早、保存较完整的香药谱录类著作，也是习香者普遍所知的古籍。其中对于历代用香史料、香品、用香方法及各种合香配方，都广而收之。并将用香事项分为：香之品、香之异、香之事、香之法四大类别，被后世各家香谱所依循。

聊到洪刍，就绕不过他的舅舅黄庭坚，后人都知道黄庭坚是北宋的大文豪、大书法家，很少人知道他也是一位善于辨品鉴味的"香癖"（自称）。文人是他的身份，喜香是他的精神世界，因此被人尊奉他为"香圣"，关于黄庭坚的香学故事在"东莱散人香"中会细说。

洪刍编著《香谱》，就是受其舅舅黄庭坚的影响，黄庭坚爱香成痴，自称有"香癖"，常亲自调配香方。"洪驹父百步香"与"洪驹父荔枝香"，就是洪刍学习舅舅黄庭坚的合香方法配伍制成的。

洪驹父百步香原方如下：

沉香一两半，栈香半两，檀香半两（以蜜酒汤另炒极干），零陵叶三钱（用杆罗过），制甲香半两（另研），脑、麝各三钱，右和匀，熟蜜溲剂，窨、爇如常法。

此香方中对檀香的炮制进行了特殊的强调。按照古法炮制过的檀香会断其生腥气。具体炮制方法如下：

檀一斤，薄作片子，好酒二升，以慢火煮干。檀香劈作小片，腊茶清浸一宿，控出焙干；以蜜酒同拌，令匀，再浸，慢火炙干。

本香集将这款百步香在古

当代书画家一觉为本书
创作《心清闻妙香》

法基础上加以改良，制成线香，经过改良后配伍的百步香，香气清幽馥郁，凉甜蜜香，具有温中散寒、调理脾胃的益处。通过复原古方，与古人在嗅觉中相遇，提升气味品评，乃至鼻观，百步之外皆可芬芳，能沁心脾可达霄汉，所以更名为"霄汉百步香"。正如颜博文《香史》中言："不徒为熏洁也，五脏惟脾喜香，以养鼻通神观而去尤疾焉。"

宋·赵清献公香

琴声寒日月，永留清白在人间。鹤唳彻遥天，常使丹心通帝座。

——明孝宗·朱祐樘诗评赵抃

古代合香很多香方是以合香者的名字来命名的，但一般都是名称加上香名构成，比如寿阳公主梅花香、洪驹父荔枝香，江南李主帐中香，花蕊夫人衙香，等等，而赵清献公香是以焚香者的谥号来命名的一款香。

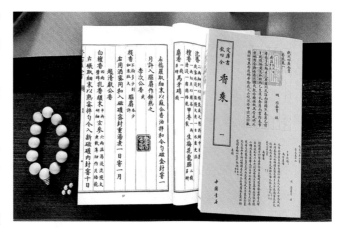

《香乘》载"赵清献公香"原文

赵清献公，原名赵抃（1008—1084 年），字阅道，自号知非子，衢州西安（今浙江省衢州市柯城区）人，北宋名臣、词人。赵抃弹劾不避权贵，京师人称其"铁面御史"。元丰二年（1079 年），赵抃以太子少保致仕居乡。元丰七年（1084 年）逝世，年七十七。追赠太子少师，谥号"清献"。

赵抃和北宋的另一位清官包拯在宋代均以清廉著称，且都在御史台任职。赵抃担任过殿中御史，主要负责宫禁之狱，即相当于现今处理首都各部委机关干部违法乱纪的案件。包拯则担任御史丞，负责分巡朝外四方之狱，即处理地方官员违法乱纪的案件。两人因在任职期间都不避权贵，展现了铁面无私的态度，分别被称为"赵铁面"和"包青天"。

赵清献公画像

赵抃为人忠厚淳朴，善良温和，喜怒不形于色。平生不治家产，抚恤孤寡贫寒之事，不可胜数。史料记载：赵抃白天处理完公务，每到晚上，必要焚香拜天，口中念念有词。有人好奇问他在向上苍密告什么，赵抃笑笑说："哪是什么密告呀！无非是将自己白天做过的事，一件件一桩桩地在心里说上一遍，借以检点反思。倘若一个人连在那种场合都还不好意思启口，那就必定做了什么不该做的事，自己就需要警醒了!"这便是"焚香告天"的典故。

故宫南薰殿包拯画像

赵抃平日里除了理政公务之身份，也是云门宗僧人蒋山法泉禅师的弟子。政事之余，赵抃经常打坐，有一次，他在坐禅的时候，忽然有雷声炸响，他"惊即契悟"（大为震惊，一下子契悟了），于是，作开悟偈一首："默坐公堂虚隐几，心源不动湛如水。一声霹雳顶门开，唤起从前自家底。"这首偈被法泉禅师听到后，笑着说道："赵阅道撞彩耳。"意思是说赵抃真是撞到彩头了，开悟了。这也是对他的认可。

关于赵抃的故事还有很多，比如他在渡四川清白江时，看到江水清澈透亮，船行至江中，他发誓说："吾志如此江清白，虽万类混淆其中，不少浊也。"此后，这条江被称为清白江，成都市青白江区即因清白江而得名。

赵抃任成都转运使，到任时随身只带一琴一鹤。见宋代沈括《梦溪笔谈·人事一》《宋史·赵抃传》。后世称人为官清廉，常用此语。其后人为纪念此事以此为堂号，曰琴鹤堂。在四川崇州（古蜀州），后人为纪念赵抃与陆游，在罨画池旁修一庙宇称"赵陆公祠"，后改称"二贤祠"。

赵抃焚香告天图

"琴鹤随身、为政简易、长厚清修"，此12字成了人们对赵抃的经典总结，后人为纪念他，把他常用来焚香告天的香，命名为赵清献公香。

原方最早载于《香乘》：

白檀香四两，乳香缠末半两（研细），元参六两（温汤浸洗，慢火煮软，薄切作片焙干），碾取细末以熟蜜拌匀，令入新磁罐内，封窨十日，热如常法。

这款香需要炮制的是檀香和元参，此配伍中元参是君香，在未炮制生闻的时候有点像"烟薯地瓜脑儿"的味道。檀香虽然没有说明要炮制，但是按照古方的惯例，檀香在此方配伍中稍显躁烈，使用前最好也炮制使其香气圆润、柔和。

以下为炮制此香时需要注意的事项：

（1）檀香炮制方法：檀香切碎片，用白茶浸泡一个晚上，稍微焙干后，再用蜂蜜加白酒浸泡一个晚上，阴干打粉使用，此法降低檀香的燥性又不损香味。

（2）元参的炮制方法：温汤浸洗，慢火煮软，薄切作片焙干，然后研磨成细粉使用。

（3）宋元时期，度量换算以及现代重量如下：

1石=120斤，1斤=16两，1两=10钱，1钱=10分

1石=75960克，1斤=633克，1两=40克，1钱=4克，1分=0.4克

赵清献公香能除烦恼安睡眠，气韵悠远，高洁凉甜，前调花香，后调木香，层次分明扩散力强，不仅是一种香气清苦平和、古朴自然的香品，而且承载着丰富的文化内涵和历史故事，是一款能够让人深深爱上的清凉香味。

宋·妙龄玉婴香

"婴香"当为妙龄玉女之体香也。

婴香方为宋代较为流行的一款官方和香配方，现存古代香谱中的多个香谱都有记载，为中华香史中宋代名香之一。

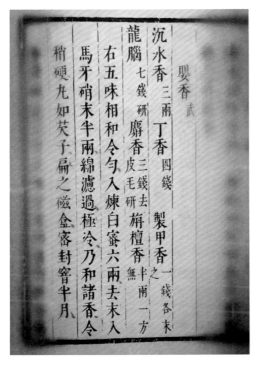

《香乘》载"婴香"原文

明代周嘉胄《香乘》卷十四中录有出自宋代官方机构公使库《武冈公库香谱》的婴香方，其方为：

> 沉水香三两，丁香四钱，制甲香一钱，各末之。龙脑七钱研。麝香三钱，去皮毛研。旃檀香半两，一方无。右五味相和令匀，入炼白蜜六两去末。入马牙硝末半两，绵滤过，极冷，乃和诸香令稍硬，丸如芡子，扁之磁（瓷）盒密封，窨半月。

同方亦载于南宋末年陈敬的《陈氏香谱》中，《香乘》中所载《武冈公库香谱》又说明了此"婴香方"的两个来历。

一是出自魏晋间的《汉武内传》，然而宋儒程泰之在其所著的《香说》中质疑："《汉武内传》载西王母降爇婴香，品多名异，然疑后人为之。汉武奉仙，穷极宫室帷帐器用之属，汉史备记不遗，若曾制古来未有之香，安得不记。"

二是一种婴香起源的说法，来源于宋代的海舶香药贸易。据《香谱拾遗》记载，属于国家经营的香药专卖，从岭南运送到杭州都城的途中，运送香药纲的船只不幸翻船，遗失了大半香药，官方将剩下的香药混杂和合为婴香，转卖而受到欢迎，"昔沈桂官者，自岭南押香药纲，覆舟于江上，坏宫香之半，因括治脱落之余，合为此香，而鬻于京师，豪家贵族争市之"。

台北故宫博物院藏有北宋著名诗人、大书法家黄庭坚书的《药方》册页一帧，其所书内容实为香方，香方名为"婴香"，故又称为《制婴香方帖》。其内容为：

"婴香：角沉三
两末之，丁香四钱
末之，龙脑七钱别
研，麝香三钱别研，
治弓甲香一钱末之，
右都研匀。入牙消
半两，再研匀。入
炼蜜六两，和匀，
阴一月取出，丸作
鸡头大，略记得如
此，候检得册子，
或不同，别录去。"

台北故宫博物院藏的黄庭坚亲笔"婴香方"

两种婴香方最大的差异在于：黄庭坚的婴香方并无旃檀一味。旃檀香或称檀香，在宋代香方中沉香与檀香并用，十分常见。从黄庭坚涂改香药方中的数量看，可能是他与其他婴香方做了检视，有意识地记录下没有旃檀气味的另一帖婴香配方。

"婴香"之名出于道教上清派典籍、南朝梁陶弘景编纂的《真诰·运象篇》中，其曰："神女及侍者，颜容莹朗，鲜彻如玉，五香馥芬，如烧香婴气者也。"陶弘景小字注曰："香婴者，婴香也，出外国。"文中描述"婴香"当为妙龄玉女的体香。

"五香"也常见于道教经典中，如《三皇经》中载有五香沐浴方："沉香、鸡舌香、青木香、零陵香、薰陆香。"两方的主香皆为沉香和丁香，故婴香方与五香方确有相似处，或许宋代的婴香方由五香沐浴方变化而得。因此，婴香适宜沐浴时焚烧熏用。

合香之法，贵得料精。明代高濂曰："制合之法，贵得料精，则香馥而味有余韵，识嗅味者，知所择焉可也。"婴香之制合亦是如此。

沉香（君）"如牛角黑者，名角沉"，现代称"乌沉"，其密度坚实，密度甚至可达1.3，能入水即沉。角沉是沉香（或称沉水香）中最好的一种，依黄庭坚的用香要求，应该是海南产的沉水香。那么为什么是海南产的沉香呢？

据北宋寇宗奭《本草衍义》记载："沉香，岭南诸郡悉有之，旁海诸州尤多。今南恩、高、窦等州，惟产生结香。沉之良者，惟在琼崖等州，俗谓之角沉。"又见丁谓《天香传》云："素闻海南出香至多，……琼管之地，黎母山峒之，四部境域，皆枕山麓，香多出此。"

海南沉香香材

自从北宋初年丁谓（966—1037 年）因流放海南岛而写下《天香传》，建立了海南岛产沉香在嗅觉审美上的价值，提出"清远深长"的气味品评标准后，即影响了黄庭坚对于海南沉香的独特喜好，其所创制或喜爱的香方，都只使用海南沉香。

关于海南岛角沉与其他地区沉水香的差异，范成大在《桂海虞衡志·志香》中比较了海南沉香与海外番舶沉香，有具体且清楚的说明：

大抵海南香，气皆清淑，如莲花、梅英、鹅梨、蜜脾之类，焚一博投许，氛翳弥室，翻之，四面悉香。至煤烬气不焦，此海南之辨也。

中州人士，但用广州舶上占城真腊等香。近年又贵丁流眉来者，余试之，乃不及海南中下品。舶香往往腥烈，不甚腥者，意味又短，带木性，尾烟必焦。其出海北者，生交趾及交人得之海外番舶，而聚于钦州，谓之钦香，质重实，多大块，气尤酷烈，不复风味，惟可入药，南人贱之。

以现今的说法是：以海南岛所产沉香燃之，基本气味应如梅花香、果香般清雅，微带甜香，含油量十足，香气幽远耐久，尾香有余味而无焦气。来自中南半岛越南、泰国等地贸易而来的沉香，气味短促无余韵，且带有浓烈的腥味；而腥味较淡者，木性仍在，致使尾香出现焦味。或者来自广东高、化二郡（今高州市和化州市）所产的海北香，虽然质重实大，只可惜燃烧起来气味酷烈，没有海南岛沉香之清婉气息，只能药用而尤法列入品评层次。

丁香，为桃金娘科蒲桃属的热带植物，原产于印度尼西亚的群岛上。尤其是产于广西的当年收的丁香，颗粒饱满，香气浓郁。

龙脑，现代优质龙脑主产于印度尼西亚苏门答腊岛的巴东。以片大而薄、色灰白、质松、无杂质、清香特异、味清凉者为佳，有大片的表面有如冰裂纹、状如梅花，故最佳者又称梅花脑。

《陈氏香谱》记载："龙脑，需别器研细，不可多用，多则撩夺众香。"

麝香（使）有发引作用。合香中麝香的使用量非常少，麝香的分子小而活跃。合香讲究的是"君臣辅佐使发引"，麝香在合香中起到"发香"的作用，使用一点点麝香，就可以让香韵灵动，《神农本草经》中将麝香列入上药，"主辟恶气，杀鬼精物，

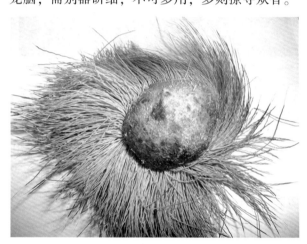

麝香

温疟，蛊毒，痫痓，去三虫。久服除邪，不梦寤厌寐"，也就是说麝香还可以辟邪安眠。

古代文人、诗人、画家都在上等墨料中加少许麝香，制成"麝墨"写字、作画，作品芳香清幽；若将字画封妥，可长期保存，防腐防蛀。

余下几味分别为甲香、芒硝、炼蜜、旃檀。

下面讲解制作炼蜜的方法。

宋代苏辙《和子瞻蜜酒歌》中有"哺糟不听渔父言，炼蜜深愧仙人传"，即有炼蜜一说。其制作方法大意为：炼蜜前应选取无浮沫、无死蜂等杂质的优质蜂蜜，若蜂蜜中含有这类杂质，就须将蜂蜜置锅内，加少量

清水（蜜水总量不超过锅的 1/3，以防加热时外溢）加热煮沸，再用 4 号筛滤过，除去浮沫、死蜂等杂质，再入锅内加热，炼至需要的程度即可。优质蜂蜜无须滤过这一环节。

炼蜜

炼蜜程度分嫩、中、老三种。对于这三种程度的确定，过去老一辈的中医是采取眼观、手捻、冷水测试等"看火色"的方法，没有多次的实践是难以掌握准确的。如今加热检测炼蜜温度的方法就容易了。

嫩蜜：系指蜂蜜加热至 105～115℃而得的制品。嫩蜜含水量在 20%以上，色泽无明显变化，稍有黏性。适用于黏性较强的药物制丸。

中蜜：系指蜂蜜加热至 116～118℃，满锅内出现均匀淡黄色细气泡的制品。炼蜜含水量为 10%～13%，用手指捻之多有黏性，但两手指分开时无长白丝出现。中蜜适用于黏性适中的药物制丸。

老蜜：系指蜂蜜加热至 119～122℃，出现有较大的红棕色气泡时的制品。老蜜含水量仅为 4%以下，黏性强，两手指捻之出现白丝，滴入冷水中呈边缘清楚的团状。多用于黏合差的矿物或纤维较重的药物制丸。

《本草纲目》中记载的炼蜜方法，总结成现代的方法是：500 克蜂蜜加 125 克水，用火熬到只有 390 克为最好。

一般合香所用为老蜜，若前期没有称量重量。可以滴蜂蜜入水中，混凝成滴且不散开即可。

古书中曾记载可以在炼蜜中加入部分苏合油，增加香气，去除蜜意。苏合油比例是蜜：苏合油为 8：1。一般来说炼蜜现炼现用比较好，但是为了省事也可以一次多炼，但建议将炼好的蜜放入瓷器密封后存放冰箱，这样不影响下次使用。

"婴香方"中的旃檀，即是檀香。宋代合香中通常用白檀香，合香用檀香亦须制过，参见《陈氏香谱》卷一修制诸香之檀香条。檀香之炮制不可太过，碎檀香粒用荼水浸润即可，过则香味尽失，炒制亦不可太过，略出烟即止。

此香制成后建议窖藏半个月后再品熏，此时将会体会到香气清雅，有淡淡的梅花香，闻后喉中甘甜生津，香韵持久，扩香力极强。5分钟后感觉血液中有一股暖流，有提神醒脑之效。此香非常适合冬季居室暖阁使用。

宋·太平清远香

"太平清远香"源自《太平惠民和剂局方》，其配方如下：

甘松 十两，零陵香 六两，茅香 六两，麝香木 半两，玄参 五两（拣净），丁香皮 五两，降真香 六两，藿香 三两，香附子 十两，香白芷 三两。右为细末，炼蜜溲和令匀，捻饼爇之。

《太平惠民和剂局方》是宋代官医局颁行公布成药处方配本，一名《和剂局方》，共十卷，宋太医局编。初刊于1078年以后。本书是宋代大医局所属药局的一种成药处方配本，宋

《太平惠民和剂局方》内文

代曾多次增补修订刊行，而书名、卷次也有多次调整。最早曾名《太医局方》。徽宗崇宁年间（1102—1106年），药局拟定制剂规范，称《和剂局方》。大观时（1107—1110年），医官陈承、裴宗元、陈师文曾加校正。成五卷21门，收279方。南渡后绍兴十八年（1148年）药局改"太平惠民局"，《和剂局方》也改成《太平惠民和剂局方》。其后经宝庆、淳祐，陆

续增补而为十卷，成为现存通行本。该方将成药方剂分为治诸风、伤寒、治一切气、治痰饮、治诸虚、治痼冷、治积热、治泻痢、治眼目疾、治咽喉口齿、治杂病、治疮肿伤折、治妇人诸疾及小儿诸疾共 14 门，788 方，均系收录民间常用的有效中药方剂，记述了其主治、配伍及具体修制法。其中有许多名方，如至宝丹、牛黄清心丸、苏合香丸、紫雪丹、四物汤、逍遥散等，是一部流传较广、影响较大的临床方书。有的刊本在书末附有陈师文等撰《图经本草药性总论》（为本草提要性质的著作）和许洪撰《用药总论指南》（为药物总论性质的著作）各 3 卷。现存多种明、清刻本，1925 年上海校经山房石印本，1949 年后有排印本。

齐鲁书画家协会会长自牧题吴承恩"妙香不比众香同，鼻观谁能绝流俗"

宋代合香不仅是一种用于祭祀、熏香、养生等领域的香料，还体现了当时人们对香气、香料以及香文化的深刻理解与精湛技艺，是中国香文化发展的高峰时期，合香的制作与使用在这一时期达到了鼎盛。合香，即将多种香料按照一定比例混合，通过独特的制作工艺，达到特定的香气效果。宋代彼时的合香原料已经相当广泛，包括但不限于沉香、檀香、丁香、龙脑等，这些原料经过精心挑选、配比和加工，最终制成各种形态的合香产品，如香丸、香粉、线香等。

通过各种历史文献，不难看出，宋代的合香功能已经细化且融入社会生活中了，其功能主要有以下几种。

养生保健：宋代合香被认为具有养生保健的功效。通过燃烧或熏香，合香中的香气成分能够舒缓神经、放松身心，有助于提高睡眠质量，增强体质。

净化空气：合香的香气具有净化空气的

作用，能够去除室内的不良气味，营造清新舒适的居住环境。

提升情绪：宋代合香的香气被认为能够提升人的情绪，减轻焦虑和压力，增强幸福感。

文化象征：在宋代，合香不仅是日常生活中的消费品，也是文化交流的重要载体。通过合香的使用，人们表达了对美好生活的追求和对文化的尊重。

宋代合香的制作和使用，不仅是一种生活享受，也是当时社会文化的重要组成部分。它体现了人们对自然美的追求和对生活品质的提升，是中华文化宝库中不可或缺的一部分。

太平清远香的气味蕴含了花香、果香、辛香、药香，层次分明而和淡自然，故更适宜低温熏丸，熏香时香气朦胧，清丽深远，有隐居山林之感，让人思绪豁然开朗，体味其中悠扬，别有一番山野清净的意趣。

此香一般用于调节身心、通经开窍、散邪辟秽、温养脏腑、宣和气机，亦可使人静，更有导气归元之功。

元·内府龙涎香

"内府龙涎香"体现了古人对"未知""知而不可得"的渴望与追求，体现了古人对美好的向往和探索。

内府龙涎香有别于之前讲到的传统意义上的"龙涎香"，也有别于本香集所书的"至纯龙涎香"，这是一款古代朝廷内府人员奉旨研发的"龙涎香"，这款香是对传说中的"龙涎香"的一种想象，不含龙涎香成分，即古人模仿的一款"龙涎香"。

讲到"内府"，大概可以把这款香至少断代到元代。"内府"一词最早指官名，《周礼》谓天官所属有内府，为府藏诸官之一，负责皇宫内监管珍贵物品；唐朝时的内府、外府是指唐代府兵制度基本组织折冲府，分为内外；清朝的内府就是内务府的简称。

在历史的长河中，陶瓷的存在无疑是最好的历史见证，帮助了现代人的考古发现与论证。比如，"内府"二字最早出现并留存至今的就是元代带着"内府"二字的瓶罐，并且在元代，此类大罐大瓶很多。目前看到的元代最精美的带"内府"字样的是英国达维德基金会所藏元孔雀绿釉"内府"大罐，器形周正，色泽艳丽，只不过此罐多写"供用"两字，"内府供用"比较容易理解，即为皇家内府专用，可其他有"内府"字样的瓶罐就不一定了。

元·孔雀绿釉大罐，藏于英国达维德基金会

日本东京国立博物馆藏元磁州窑白釉"内府"梅瓶，釉胎一般，字体质拙，似不像为皇家专用；河北省邯郸市峰峰矿区文保所也有两件内府梅瓶，一白一黑，字迹斜写，行草兼备，这两件就更不像皇家专用品了。

内府龙涎香香方最早出现在《香乘》卷十五，按照明代崇祯十六年（1643年）周嘉胄自刻版本推算，此香方至少断代为明朝崇祯之前已广为流传。

内府龙涎香香方如下：

沉香、檀香、乳香、丁香、甘松、零陵香、丁香皮、白芷各等分，龙脑、麝香各少许。右为细末，热汤化雪梨膏和作小饼脱花，烧如常法。

元·白釉"内府"文字梅瓶　　元·黑釉"内府"梅瓶　　元·白釉"内府"梅瓶
日本东京国立博物馆馆藏　河北省邯郸市峰峰矿区出土　河北省邯郸市峰峰矿区出土

此香方出自《香乘》卷十五，没有明确重量的皇室香方，明确的只是前八味克重一致，龙麝各少许，按照古代君臣佐使的配伍方式，此方中龙脑、麝香起到药引子——使的功效，克重不宜过多，过多会起反作用，抢了主香的韵味。

雪梨膏在唐朝就有了，主要用梨、蜂蜜一起熬制，也可用花露代替蜂蜜，有其特别的香味。

此外，在《陈氏香谱》里，此方多了"藿香、玄参"二种，但无龙脑、麝香，以炼蜜合。

"内府龙涎香"对明目、开窍、醒神等有一定效果。

（1）明目：即清热明目，改善视力模糊、眼干涩等问题。

（2）开窍：即开窍醒脑，缓解头痛、失眠、健忘等症状。

（3）醒神：即醒脑提神，增强人体免疫力，有助于恢复身体健康。

明·香乘梅花香

花信是季节的名片，会在岁月的轮回中，传递着冬夏的温度、四季的芬芳，譬如春日桃红李白的妩媚，夏日荷香莲韵的恣肆，秋日丹桂菊黄的熟稔，至于冬天，于数九严寒的凛冽中鲜艳着的，唯"凌寒独自开"的梅花了。

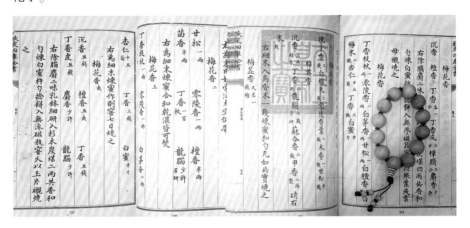

《香乘》《陈氏香谱》中载有各朝代"梅花香"香方

陈少梅《梅花高士图》

智慧的古人们为了记录这来自大自然赋予的芬芳，可以说煞费苦心，在香气氤氲的中国历史文化中，古人对梅花情有独钟，尤其以文人雅士为代表的一类群体对于梅花的喜爱更是溢于言表。

古代文人雅士赞赏梅花是从外表至骨髓的，他们把自己的雅趣投射在梅花的方方面面，从颜色、香味、姿态到风骨神韵处处可见，赏梅、咏梅、赞梅、叹梅，借以梅花来表达自己孤傲高洁不与世俗同流合污的品行。

在宋代，人们对梅花的喜爱达到了顶峰，南宋范成大撰《梅谱》，推崇梅花为"天下之尤物"，且云："梅以韵胜，以格高，故以斜横疏瘦与老枝怪奇者为贵。"

那时关于梅花有着大量的诗词绘画作品涌现，不但如此，在香文化鼎盛的宋代时期，以

"梅"字为主的香方也大量增多。

"梅花香""笑梅香""涎梅香"等不一而足,人们通过调制关于"梅花"的各种香来表达自己的审美意趣与人格品行。

丁香一两,藿香一两,甘松一两、檀香一两,丁皮一两,牡丹皮半两,零陵香二两,辛夷一分,龙脑一钱,右为末用如常法(蒸)尤宜佩。

——《梅花香》

在北宋洪刍《香谱》中记载的"梅花香法",以甘松、零陵香、檀香等香药模拟梅花的香韵;清代董说在《非烟香法》中有很详细的解释:"梅花冷射而清涩,故余以辛夷司清,茴香司涩,白檀司寒冷,零陵司激射,发之以甘松,和之以蜜,其香如梅,而名之曰梅影。"

宋代曾几的《返魂梅》,应该是《陈氏香谱》中记载的"韩魏公浓梅香",是宋代十分有名的一款合香,黄庭坚认为浓梅香这一名字不能彰显梅香幽清,将其改名为"返魂梅香",又称"藏春香"。其香方如下:

黑角沉半两、丁香一分、郁金半分(麦麸炒令赤色),腊茶末一钱、麝香一字、定粉一米粒(即韶粉),白蜜一盏。

右各为末,麝先细研,取腊茶之半汤,澄清,调麝。次入沉香、次入丁香、次入郁金、次入余茶及定粉,共研细,乃入蜜,使稀稠得宜,收沙瓶器中。窨月余,取烧,久则益佳,烧时以云母石或银叶衬之。

纵观古方,尤其是后期有关梅花的香方有一个有趣的特点,那就是:香中无梅花,而且用料极简,虽名为"梅花香",但在制作时却

王雪涛《梅石图》

不会放梅花，而是通过种种香料的配伍组合来调制模拟"梅"的香气。

近些年，不少香文化爱好者纷纷按照古时的香方自己动手制作合香，或者香丸，或者香饼，或者线香。

由于《陈氏香谱》所载梅花香的香材较贵，特别是麝香一味，因此大多人们转而按照明代周嘉胄的《香乘》所载香方制作"寿阳公主梅花香"，本香集则综合《陈氏香谱》中所含"麝香"的众多"梅花香"的精华，配伍出以下香方：

沉香 18.5 克、栈香 12.5 克、鸡舌香（丁香）10 克、檀香 5 克、麝香 1.5 克、藿香 1.5 克、零陵香 1 克、甲香 0.5 克、龙脑 0.25 克、楠木黏粉 13.17 克。

自从寿阳公主开创了"梅花香"的先河，后世历朝历代都是将其作为皇宫御用之琴香，更因其"历代宫廷御用"之身份，用香材也是极尽奢华，为求其味不计成本，进而逐渐丰富、反复调整，从而得到了美妙的香韵。

本香品配伍奇妙，尤香气清雅，含生发之机；但不得不说，此妙香一支如沐春风，使人神清气爽，尽显皇室贵族气质。此香很适合在闺房、沐浴、冥想、瑜伽等场合或状态下焚燃。

明 · 德道信灵香

"德道信灵香"为道家十种"心香"之一，由于此香具有祛病防时疫、助睡眠、安心神等多种功效，因此又叫"三神香"。在当下合香中，逐渐被世人所熟知并使用，此香主要以降真香、沉香、柏香为主调，融合多种中药材制作而成。其名源自《天皇至道太清玉册》，书云"信灵香可以达天帝之灵所"，其香可用于斋醮焚香，净心祛秽，亦可日常品闻，净化空气。

相传，汉明帝时，真人燕济居于三公山的石窟中。苦于毒蛇猛兽及邪魔侵犯，遂下山改居于华阴县庵中。真人在此居住三年，忽一日，三位道人投庵借宿，到了夜里，谈及三公山石窟虽好，怎奈有邪魔侵扰。其中一位道人说："吾有奇香，能救世人苦难，焚之道得自然之玄妙，可升天界。"真人得此奇香，再入山中，焚烧此香，毒蛇、猛兽全部避走无声。忽有一日，那位道人披头散发、背着琴，从空中飞来，将此香方书写在石壁上，题名三神香，入山可驱猛兽，可免刀兵瘟疫，久旱可降甘霖，渡江可免

2015 年，关公诞辰庙会王丰年于关公庙举办雅集活动，现场配伍了"德道信灵香"

风波。

德道信灵香香材如下：

沉香、乳香、丁香、檀香、香附子、藿香、甘松、远志、藁本、白芷、玄参、零陵香、大黄、降真香、木香、茅香、柏香、川芎、山柰。

德道信灵香早在 2015 年笔者便开始研究制作，后与京北第一道观"关公庙"众道长切磋，并现场举办雅集教学，传授于道童与香道爱好者制作配伍技法。该香香气柔软、充盈，以海南降真香的木质蜜香为主调，带有柏香的清新和沉香的清幽，基调为药香，香韵饱满，有使人镇定、平和等特点，除了道观奉为上品之外，深受众多香客喜爱。

"德道信灵香"其独特的香气能够随气血流通，循经络运化，从而安和五脏六腑。这种香气对于中脉、带脉有独特的功效，可助入静、通经开窍、聚集能量。

关公庙现场配伍"德道信灵香"

清·瑞华养生香

香薰长在手，不必辟寒犀。心字烧难烬，和花作燕泥。

古人过冬取暖的方法层出不穷，其中最风雅的就是"围炉赏雪，炷暖香"。

——清·屈大均《春闺曲（其四）》

瑞华养生香乃清朝宫廷"太常寺"用香，其驱风寒、祛湿邪、活血化瘀，是暖香之上品。

在聊"瑞华养生香"之前要先讲一讲"太常寺"。

太常寺是唐代九寺、明代五寺之一。秦署奉常，汉改太常，掌宗庙礼仪，至北齐始有太常寺，直至清末才废。

"太常寺"是封建社会中掌管礼乐的最高行政机关，秦时称"奉常"。汉景帝六年（前151年）改称太常。汉以后改称太常寺、太常礼乐官等。

《隋书·百官志》："太常，掌陵庙群祀，礼乐仪制，天文术数衣冠之属。"历代大体相同。太常的主管官员称太常卿。太常卿下属职官与音乐密切相关的为太常博士，协律都尉（校尉），太乐署的令、丞，以及汉以后建置的鼓吹署的令、丞，清商署（部）的令或丞等。与礼乐仪制有关的官员为太常博士，或称太乐祭酒、太乐博士，兼及乐制和历算的官员，视地位高低称协律都尉（校尉）、协律中郎将、协律郎、雅乐部、钟律令、钟律郎等。由此可见此款瑞华养生香之尊卑高度。

"暖香"古时也叫辟寒香。南朝梁任昉《述异记》中记载，汉武帝时期，丹丹国进贡了一种辟寒香，大寒时节，在室内焚烧，暖气忽然自外而入，人们纷纷减衣。

唐代冯贽《云仙杂记》中也记载了炷香取暖的逸闻轶事：宝云溪有僧舍，盛冬若客至，则不燃薪火，暖香一炷，满室如春，人归更取余烬。

邓深《内集阁》有"兽炉香雾辟寒气，翠帱妓围回暖风"的诗句。

詹克爱的《题西山禅房》也有"暖香炷罢春生室，始信壶中别有天"

的诗句。

唐代时，流行一种焚香兼具取暖的物件——衣香囊。《唐六典》记载，每年腊日，唐代皇宫中都要准备衣香囊，作熏衣暖身之用。

衣香囊就是金属材质的球形香囊，分内外三层。最外层为镂空的球形，上下半球以子母扣连接。中层有两个同心圆环，以活轴连接外壁和内层的焚香盂，当然这里记载的只是熏香取暖的工具，下面介绍暖香的制作与配伍。

瑞华养生香配方如下：

桂花，玉龙，制没药，乳香，安息香，降真香，黄桧，芸珠粉，元参，木粉，楠木粉。

焚香、品茗、插花、挂画，在文人雅事上，还是要追崇宋人的。

每到冬天，宋人会在厅堂中用纸屏搭建取暖的小室，四扇纸屏，三扇相围，一扇作顶，垂草帘作为障蔽，这种屋中屋称为"纸阁"。

陈敬《陈氏香谱》载有"焚香必于深房曲室"，纸阁的纸壁、纸顶对于香芬有较强的吸附能力，若在阁中燃香，香气也会聚得久，是最佳的焚香环境。宋代的周紫芝《纸阁初成》对此描述：小阁春温借隙光，风帘不挂最宜香。窗前睡鸭吹云缕，聊与幽人度日长。

宋人范成大也有诗《雪寒围炉小集》描写纸阁中宋人的清雅生活：席帘纸阁护香浓，说有谈空

宋·李嵩《焚香听阮图》

爱烛红。高饤膻根浇杏酪，旋融雪汁煮松风。康年气象冬三白，浮世功名酒一中。无事闭门渠易得，何人躞屧响墙东。

焚香时，嗅觉感受的转换能让人感受到暖意，《香乘·晦斋香谱》中，

与冬季相宜的北苑名芳香也适合围炉赏雪时使用，焚烧有幽兰之馨。

门外寒风凛冽，雪花乱飞，房间浓泛的花香之气，会让人感觉如置身于春日之中。董说在《非烟香法众香评》篇，专门论述了熏蒸草木为香带来的感官体验："蒸松鬣（即松针）则清风时来拂人，如坐瀑布声中，可以消夏。蒸荔枝壳如辟寒犀，使人神暖。"

冬天还可熏焚花香型的合香，营造春天的意境，《香乘》的"凝合花香"系列中，"雪中春信"与"春消息"就是传达春意的合香。

季冬之月，天地闭寒，万物寂寥，三五好友围炉而坐，焚一支"瑞华养生香"，煮一壶老茶，坐卧清谈，温暖清幽的香气让室内春意萌生，正是詹克爱诗中"暖香炷罢春生室"的意境，也是冬日闲适生活中的一大乐事。

四时清味香

四时清味香，也是"五方真炁香"之一。

原著夹批：按中央黄气属土，主四季月，宜尽厅堂、书馆、酒榭、花亭皆可焚之此香，解郁祛秽最佳。《香乘》原文如下：

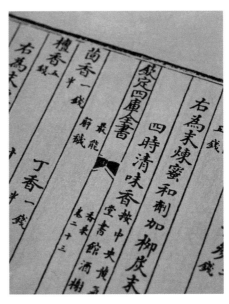

茴香一钱半、丁香一钱半、零陵香五钱、檀香五钱、甘松一两，脑、麝少许，令研右为末，炼蜜和剂，托饼用煆铅粉黄为衣焚之。

依据古法，严格按照配伍比例换算成现如今计量单位，又将香饼改为线香使用，故炼蜜以纯天然楠木粉代替，此做法可很好地避开炼蜜明火燃烧时的燥煳味，其他比例不变。

《香乘》载"四时清味香"

此香方需要注意以下内容：

（1）依古法把主君香材——檀香经古法炮制，再合和使用，如此香气更为馥郁古朴。

（2）原文中"脑"即龙脑，推荐使用天然冰片研匀。

（3）麝香，推荐使用林麝，因为林麝气更淡些，没有爆冲之味，能够更好地起到佐使之功效。

（4）丁香，母丁香、公丁香皆可，但是要依古法炮制后使用，效果更佳。

（5）煅（xia）铅是一种炮制铅丹的方法，指用大火将其炮红，经冷却后研细做衣。这是古时的一种香饼复衣之法，因铅对人体无益，故现如今配伍后不建议使用此法。且有衣无衣间，香的区别颇大。

丁香香材

香方中的零陵香，别名燕草（《南越志》）、蕙草（《别录》）、香草（《开宝本草》）、铃铃香、铃子香（《梦溪笔谈》）、黄零草（《庚辛玉册》）、陵草（《中药材手册》）。全草含类似香豆素芳香油，可提炼香精，用作烟草及香脂等香料；干品入箱中可防虫蛀衣物；又供药用，具散风寒、辟秽功效，治时邪感冒头痛、上气腰痛、胸闷腹胀等，是名贵的芳香植物。

"四时清味香"解郁祛秽、甜而不腻、意蕴深长、华而不俗、提神开慧，导气归元，既可礼佛慕古，亦可彰显馥郁华堂，四季可用。

零陵香香材

五真天宝香

玉清元始天尊画像

这款香是查阅了很多史料与古籍香方整理而得，其中，"五真香"是单独一款，记载于明代名著《香乘》中，而天宝香只有史料记载其名字，却没有详尽的配伍方子，在整理的众多香方中，二者极为相似，功能、药理也极为契合，故合二为一取此名字。

既然五真香《香乘》中有明确的量剂配伍，那么就先从"天宝香"的论据道起。

天宝香是道教敬祀天神之香。道教仪式都离不开香料这一形而下的物质载体，以达到形而上的修行境界。"返风香""七色香""逆风香"和"天宝香"，这四种香为道教宫观和斋醮中用香，宋代吕太古《道门通教必用集》（卷五）记载其为"奉献诸天无价名香"，其来源和制法不详。

《道书》中称："檀香、乳香谓之真香，只可烧祀上真。"已知檀香、乳香，而下一句"以此真香腾空上奏，焚香有偈，返生宝木沉水奇材，瑞气氤氲"，这里提到的宝木沉水，即指沉香。

降真香为道教斋醮中用香，《天皇至道太清玉册》称降真香："乃祀天帝之灵香也。"认为只有此香能够上达天帝，招引仙鹤，下降凡间通达神灵。

综上所述，天宝香虽无明确记载香材名称与配伍，但在各经典中也明显指出了主要配伍香材，按以上推论的出场顺序依次为：檀香、乳香、沉香、降真香。

五真香在《香乘》中的原文为：

"沉香二两，蕃降真香一两（制过），旃檀香一两，藿香一两，乳香一两。"

短短两行字，只是简单告诉了香材、剂量，但其他作用、功能与疗效，均没交代，下面进行详细解析。

从合香的角度看，此香方中构成主体香韵的基本香料为沉香、檀香、降真香；用作调和与修饰的香料为藿香；用作发香和聚香的香料为乳香。

从香药的角度看，此香方中沉香、檀香为理气药；降真香、乳香为活血化瘀药；藿香为芳香化湿药。

天宝香这样的经典，古人如蜻蜓点水般藏于典籍之中，五真香又以如此朴实的寥寥数字被记录在《香乘》之上，后人只能抽丝剥茧，细细品读，慢慢体会，从经典中引据，从医学药理临床中结论，得此天宝香香方（香材）整理如下：

河北省定州市大道观、国家级非物质文化遗产花张蒙道教音乐团长王宗云道长为《华夏香谱》一书提供的道教焚香礼仪细节图

沉香、蕃降真香、旃檀香、藿香、乳香。配合楠木粉为黏合剂加温开水搅拌均匀，揉至植物纤维拉丝状后备用。

此款香方具有生津、健脾、理气、活血、化湿、镇静、安神之功效。此香宜宗祠祭祀；宜修炼内丹、打坐、禅定；宜伴随书法、古琴、品茗、插花、站桩、太极等静心之术。

通神灵犀香

"身无彩凤双飞翼，心有灵犀一点通。"在美好的爱情中，我们常用"心有灵犀"来形容彼此感情契合相通。

什么是"灵犀"？

灵犀，最早在《山海经》中有记载：一种犀牛，长有三只角，一角长在头顶上，一角长在额头上，另一角长在鼻子上。鼻子上的角短小丰盈，额头上的角掘地，头顶上的角又叫通天犀，剖开顶角可以看到里面有一条白线似的纹理贯通角的首尾，被看作为灵异之物，故称"灵犀"。

项维仁绘《心有灵犀一点通》

南朝宋人刘敬叔撰的《异苑》中所载："暖水濯我足，剪纸招我魂。生犀不敢烧，燃之有异香，沾衣袋，人能与鬼通。忘川之畔，与君常相憩。烂泥之中，与君发相缠。存心无可表，唯有魂一缕。燃起灵犀一炉，枯骨生出曼陀罗。"在这里，相传灵犀香有灵魂摆渡之功效。

从宗教信仰角度讲，我们把精神中的各个因素拟人化，于是产生了各种各样的神、仙、佛、祖，甚至鬼、怪、妖、魔，这些都是精神的产物。

无论是正念、善念，还是邪念、恶念，它们并不是自然界中物质性的存在，但却会存在于我们的精神世界。

在这种状态下，一炷香会使我们安静下来，对于神灵的感应与自己内心的对话，其实就是敬仰和体会至高无上的善良与美好。

自古以来，大家焚香供佛、祭祖、供养神明，其实都是在供养自己，让自己的灵魂在这馨香之气中得到洗礼和升华。

"香通神灵"这是一个奇妙的体验，只有在从容、安静的心态下，才能领会，神明，我们自己的思想、行为就会更加正确有序；神浊，我们就会浑浑噩噩了，各种焦虑、抑郁、烦躁、冲动接踵而来。

《香乘》卷十七中记载的通神灵犀香古法原方：

鸡舌香八钱、甘松三钱、藿香一两半、零陵香一两半，炼蜜调和制香丸或香饼（线香需把炼蜜改为楠木粉 15 克）温水搅拌揉至产生植物纤维拉丝后搓线香，晾晒后备用。

此四味香药相合，为功效药香，甘爽醒神，辟秽防疫，化湿醒脾，幽香醒窍，安神固本，最适合燃于三伏夏日、暑湿盛行，而食欲不佳，湿热之气上蒙清窍而至头目昏沉、身疲倦怠之时。

燃此香，达养身、养心、养神三种境界，正所谓：若神清气爽，自然可以达到如"灵犀"一般，神思敏锐，心有灵犀。

瑶华清露香（冷香）

折疏麻兮瑶华，将以遗兮离居。——《楚辞·九歌·大司命》

王逸注："瑶华，玉华也。"洪兴祖补注："说者云：瑶华，麻花也，其色白，故比于瑶。此花香，服食可致长寿，故以为美。"

《香乘·晦斋香谱》中记载了瑶华清露香的制作方法，将其录入本香集，一是因为此方为历代经典冷香，是古法冷香的代表，二是从现代制香工艺和香材称谓角度诠释本香，分享给广大制香爱好者。

沉香一钱，檀香二钱，速香二钱，熏香二钱半。右为末，炼蜜和剂作饼焚之。——《香乘·晦斋香谱》之瑶华清露香香谱。

瑶华，有仙花、霜雪的意思，此香香气清冷幽静，令人如置身神仙居所。

所谓"冷香"，多是以开窍醒神为主要功效，常用以辅疗闭症神昏。俗话讲：心藏神，主神明，心窍开通则神志清醒，思维敏捷。若心窍被阻，清窍被蒙，则神明内闭，神志昏迷，人事不省，治疗须用辛香开通心窍之品。

冷香以辛香走窜香材为主进行君臣佐使的配伍，皆入心经，具有通关开窍、醒脑回苏的作用，部分香方还有开窍活血、行气、止痛、解毒等功效。

在李清照的《浣溪沙》中，有一句"瑞脑香消魂梦断，辟寒金小髻鬟松。醒时空对烛花红"，其中提到的"瑞脑"，又名龙脑、冰片，是古代的名贵香料，更是冷香配伍中的常客。

《香乘·晦斋香谱》中的这个原配方，入门级都算不上。如果读过《四库全书》版《香乘》或者《晦斋香谱》原作的香友会记得，此香方的左右香方都是经典冷香，左边是"三品清香"中的"瑶池清味香""玉堂清霭香""璃林清远香"，右边是"代梅香"，这些香方中皆有醒窍提神之香材出现，也确有冷香之特点，其中"瑶池清味香""玉堂清霭香"两款香都被收录到本书之中，此"瑶华清露香"想必是《四库全书》抄录时，有意无意者略去了几味方子本书尝试补上几味，与大家共享品鉴探讨。

禅画家近僧为本书创作

原方中的沈香，即沉香。

原方中的速香，也是沉香的一种。明代李时珍在《本草纲目·木一·沉香》中记载："香之等凡三，曰沉，曰栈，曰黄熟是也……其黄熟香，即香之轻虚者，俗讹为速香是矣。"最好的沉香即沉水香，次等的是半沉半浮的栈香，再差一些的是不沉水的黄熟香。

原方中的薰香，据考证为薰陆香，即乳香，是一种芳香树脂分泌物，甜中带酸，以阿曼产为佳。乳香不仅可以增加香气的层次，而且可以延长留香的时间。

在瑶华清露香原方基础上，本香谱对此香作了如下增补：精选了上好的惠安沉香、黄熟香、老山檀香，辅以乳香、龙脑、薄荷、山柰、甘松、楠木粉等古法配伍比例和合而成。香气特点以"瑶池清味香""玉堂清霭香"二方为参考，定调淡雅缥缈、凉甜醒窍，又恰与惠安沉香特有的甜凉味搭配老山檀香、乳香的清雅，增添了香气典雅、韵味悠长之特点，为并不丰富的冷香门类填补了一缕妙香。

不经一番寒彻骨，怎得梅花扑鼻香

原本计划另起香名的，但是三思后觉得，实记录，才更为真实。

冷香有如下几大特点：

（1）疏散风热。

（2）清利头目、利咽：冷香对于外感风热或外感风寒引起的咽喉疼痛、头痛等症状有很好的缓解效果。

（3）解毒镇痛：熏闻冷香，有助于缩短病程，减轻病症的不适感。

（4）通鼻醒窍：对于感冒引发的鼻塞、流鼻涕或由过敏因素导致的鼻塞等症状，冷香可以发挥通鼻窍的功效。

（5）疏肝解郁、理气：冷香还有辅助疏肝解郁、理气的效果。

（6）提神醒脑：冷香的清香可以缓解因精神压力或情绪紧张带来的负面影响，有助于调节情绪。

宫廷避瘟香

"宫廷避瘟香"取法于晚清宫廷御用香，主要原料有炒苍术、细辛、乳香、川芎、檀香、龙脑、降真香、甘松、艾叶、白芷、甘草、乌头、苏合香等。

香药文化流传千年至今，除了其文化内涵和制作工艺，它的防病辟秽是

己亥·丰年古法避瘟香图片

人们的重要考量。避瘟香由浑然天成的13味自然中成药集结而成，"一寸降真一寸金"的降真香被列为君药，香里面还佐以苍术、川芎、龙脑等名贵药香材料，是历代药香典范。

从嗅觉上，这款宫廷避瘟香能带来独特享受。它的香味低调悠远，既能净化空气，还不呛鼻子，很耐闻。不同于市面上的香水，宫廷避瘟香更适合新居装修、瑜伽放松，以及经常出差、经常熬夜的人士。其提神醒脑，祛味免疫，在无形之间调息、通鼻、开窍、调和身心，消除内心的紧张和烦躁。可以让人以更饱满的精神投入工作当中。另外，静心闻香还可解除烦扰、激发灵感，使人豁然开朗，提高工作效率。

在茶室，宫廷避瘟香可以打造馨香、优雅的室内环境，有助于清净杂念，怡情助兴。"香道"与"茶道"如一对孪生兄弟般，一个是通过

河北省书法家协会副主席孙学东为本书题写"袅影天光青云上，香降福瑞满人间"

"火"去逼发芳香分子，一个是通过"水"来冲泡香茗，阴阳调和相得益彰，让人在一呼一吸中心灵得到净化。

差旅之人也十分适合这款宫廷避瘟香。一个陌生的环境，加上酒店的消毒水味和香薰味，以及认床等因素，很容易影响睡眠，这时候点燃宫廷避瘟香，可以消毒消菌，怡人心脾。13味药香的集结，香雾中芳香萦绕，安神宁心、舒缓神经。

中国药香历史久远，香文化在中华文明的发展史中起到了重要作用，更是具有祀先供圣、祛疫辟秽、安魂正魄、启迪才思的功能。

香气养生的观念对于后世香文化的发展有深远的影响，也成为中国香文化的核心理念和特色。从先秦两汉至宋元以来，如《神农本草经》《和香方》《济方》《天香传》《陈氏香谱》等著作、香方层出不穷。

药香成为中国香文化中形成时间最早、最核心、最独特的部分。香的利用已经遍及社会生活的方方面面，药香养生的理念如同饮茶养生一样已经成为人们自觉的日常行为，并上升到了精神文化领域。

《神农本草经百种录》云："香者气之正，正气盛，则自能除邪辟秽也。"

宫廷避瘟香有提升正气、芳香化湿、辟秽祛浊、理气和中的功效。口鼻为阳明经之窍，阳明虚则病从口入，该香还可成功地化湿清热，芳香辟秽，开窍醒神，起沉痛，祛痼疾，防瘟疫、防感冒。

【用香小提示】

用时应闭户熏之，令香气随鼻息缓缓出入，妙用无穷。应急使用每支香可作用约四十平方米。长期使用，一般佳宅每日一支即可。该香香灰对烫伤、烧伤、止血消炎、虫叮等也有良好效果。

宫廷欢宜香

"欢宜香"是近几年清装宫斗剧《甄嬛传》中雍正皇帝独赐给年世兰（华妃）专用的香料，其配方由七种香料组成，分别为藿香、苜蓿、甘松、白檀、丁香、煎香以及麝香。

配方三
藿香（四两）·丁香（七枚）·甘松香·麝香·沉香。
煎香。上六味粗筛。和为千香以衣，大佳。

配方二
零陵香（二两）·藿香、甘松香、苜蓿香、白檀香、沉水香、煎香（各一两）。上七味合捣，加麝香半两，粗筛，用如前法。

配方一
零陵香、藿香（各四两）·甘松香、苜蓿香（二两）·芳香（各三两）·丁子香（一两）。上六位各捣，加泽兰叶四两，粗下用之，极美。

药王孙思邈的《备急千金要方》中载的"衣香方"

究其出处，其并非影视剧杜撰出来的一款香方，其母本出自药王孙思邈的《备急千金要方》中的"衣香方"。此种衣香方共有三种配方。

欢宜香中的七种香料在传统中医中都有各自的药用价值和文化意义。例如，藿香有辟秽、祛湿的功效；苜蓿能利尿、改善贫血；甘松可以理气止痛、开郁醒脾；丁香能温肾壮阳；煎香有着行气止痛的功效；而麝香则具有活血化瘀、醒神开窍的功效，也被用于催产。

需要注意的是，尽管这些香料在传统中医中有其药用价值，但并不意味着它们在现代生活中可以随意使用，特别是麝香，使用须谨慎，避免过量使用而可能导致的健康风险。

汉唐时期，皇室所用的香方是不外传的秘方，代表着皇室专属的气味。虽说宫中明令不许外传，但负责制香的御医还是把宫中的香方传入民间。唐代王建有诗云：供御香方加减频，水沈山麝每回新。内中不许相传出，已被医家写与人。

影视剧中，欢宜香是皇帝赏赐给华妃的专用香料，在当时只是一味熏衣香而已，其中含有的一味麝香，让华妃失去了生育能力，因此有人对此产生了质疑，认为其中含有麝香，如果散播在空气中，可能对孕妇造成伤害。对此，有医院专科医师曾作出专业的介绍，认为以上提到的几种都属于芳香类药物，组合起来应该香味极佳。而其中相对争议较多的麝香这一味药物，因为常在影视剧内被用于堕胎和导致不孕不育，所以百姓难免对其存在一些误解。在临床中，麝香确实有着活血化瘀、醒神开窍的功效，也被用于催产，但是如果一味地认为它能导致不孕不育，这是不科学的。

据国家药品监督管理局所述，麝香是一味开窍药，为鹿科动物林麝、马麝或原麝成熟雄体香囊中的干燥分泌物。麝香是使用历史最为悠久的本土香药之一，成书于东汉时期的《神农本草经》有记载："麝香，味辛温，生川谷，辟恶气，杀鬼精物，温疟蛊毒痫痉，去三虫，久服除邪，不梦寤魇寐。"

麝香的药理作用广泛，在卫生部颁布

明代《行香事图》局部

的药品标准中药成方制剂中收录的 4055 个中成药制剂中，有 209 个中成药制剂使用了麝香或人工麝香。其中耳熟能详的有麝香保心丸、复方麝香注射液、麝香镇痛散、麝香乌龙丸、麝香海马追风膏、麝香壮骨膏等中成药制剂。

麝香的香料使用同样历史悠久，最早可追溯至汉代。麝香香气浓烈，有特殊的动物气息，故一般取微量入于合香。麝香可散发其他香药味道，令其高扬悠远，且麝香定香能力极佳，可令香味挥发缓慢，留香持久。在《备急千金要方》当中的"衣香方"便是如此。麝香所用量很少，但合香的香味却极美，留香也持久。

古籍《千金方》首页

这样一味良药，为何会是不孕的罪魁祸首？那是因为麝香含有麝香酮，对子宫有明显的兴奋作用，而且麝香走窜力强，具有较强的活血通经、催产下胎的功效，孕妇使用容易造成流产。当前对于所有含麝香类的合香及药物，都明确禁止孕妇使用的。而市场上许多药物都含有麝香，故孕妇在挑选药物时必须时刻注意，不确定成分时应询问专业医师确认。对于非孕期女性来说，少量、长间隔的使用是不会导致生育问题的。

麝香是一味极好的中药，也比较名贵，如果用于阴虚体质的人群，可能会有导致不孕的可能；但若用于肥胖、痰湿体质的人群，反而有一定的治疗功效，因此，提起麝香如果只是一味地害怕和抗拒，这是不对的。

由此我们结合专家的意见可知：根据影视剧、小说自制香料时，需要弄清功效，谨慎剂量，在中医领域，有些中药材是相克的，如果将其混在一起，可能产生毒性。同时，如果一味地追求大剂量，也可能导致"过犹不及"，弄巧成拙。

光华天真香

天真天真，天下归真，凝神定气，沉心静思。古有赞曰：天波浩渺白阳天，浮沉落定沙炊烟，流苏一点万光华，诸事虔诚辅道颠。

光华天真香的配伍香材如下：

乳香、安息香、新山西澳檀香、红桧、楠木粉、芸珠粉、木粉、碳粉。

此款"光华天真香"香方是本香集的另一核心配方，主要功效是静心养神，辅助睡眠，对于人们日常生活中常出现的心慌气虚、睡眠质量低下等状况，或是读书学习、练瑜伽、冥想、礼佛打坐入定，均有帮助。

睡眠，在快节奏的当今社会，是一门大学问，休息好了精神焕发，休息不好萎靡不振。而由于工作压力大、娱乐活动多、熬夜加班、狂欢等，因此，很多人的睡眠状况十分糟糕。

古代没有电脑和手机，生活节奏缓慢，医疗不发达，因此更重视睡眠养生之道。在"不觅仙方觅睡方"的理念下，睡眠质量比现代人好很多。

睡前焚香，是古人常用的助眠手段。古人睡觉讲究，有专门用于室内、帐中的助眠香。

洛阳唐艺金银器博物馆藏有唐代飞鸟葡萄纹银香囊，此乃古时富贵人家的熏香器物。囊上有一根带钩的银链，可佩在身上，也可挂于帐中。囊体设计巧妙：形如乒乓球，内有香盂，可盛放香料。由于暗藏机关，无论香囊如何滚动，香料火星都不会外漏，香灰也不会外撒。睡前把它挂在帐中点燃，闻香而卧，能很快入梦会"周公"。

"梦周公"这个典故出自《论语·述而》。孔子说："甚矣吾衰也！久矣

周公旦画像

吾不复梦见周公!"意思是"我衰老得多么厉害啊!我好长时间没有再梦见周公了"。孔子对西周的政治制度非常尊崇,因此以"梦周公"来表达对西周社会的向往以及对周公的敬仰之情。后来,人们就用这个典故来表示缅怀先贤。如唐代元稹的《闻韶赋》中"梦周公而不见,想圣德而思齐";宋代苏轼的《周公庙》中"吾今那复梦周公,尚春秋来过故宫";等等,都表达了对周公的缅怀之情。再后来就被后人代指"睡觉"了。

此款"光华天真香"除了以上的现代科学使用意义之外,在古代还有另一层更为神圣的意义与存在——存续香火。

古人为了祭祀神灵或祖先,要燔烧大量的物品。他们认为这些物品燔烧后,就进入另一个空间世界,在另一个空间世界的神灵或祖先就能够得到这些物品。

通过考古,已经发现了很多四五千年前燔烧物品的"燎祭"的祭坑。

殷商甲骨文卜辞中有大量"燎"祀的记载。如《周礼·春官·大宗伯》"以禋祀祀昊天上帝,以实柴祀日月星辰,以槱燎祀司中、司命、风师、雨师。"

汉代郑玄对此进一步发挥解释道:"三祀皆积柴实牲体焉,或有玉帛燔燎而升烟,所以报阳也。"意思是说,烧了以后,原有的祭品烧不见了,但有烟和气味飘上天,古人就认为这就是在天上的神祇、先祖享用到了。经过后世的发展,便逐渐演变成了焚香的方式。

古人认为香火是神灵获得人界信息的媒介,是神灵对凡人行为品性的监督,即所谓的"人间私语,天闻若雷"。因此,焚香之时,须心怀感恩,诚心忏悔，约束平时的言行，才能获得神灵的回应，消灾解难。

古法合香配方，首先是要综合考虑该香的用途、香型、品位等因素，再根据这些基本的要求

魏晋南北朝《帷帐熏香图》

选择香料或药材，按君臣佐使进行配伍。

只有君臣佐使各适其位，才能使不同香料尽展其性。诸如衙香、信香、贡香、帷香以及疗病之香，各有其理，亦各有其法，但基本都是按五运六气、五行生克、天干地支的推演而确定君臣佐使的用料。

而文所讲的"光华天真香"就是一款完全按照君臣佐使来配伍的香方，是衙香、信香、贡香、帷香均兼得的一款静心养神之香。

佳人杏里香

焚香，是古代女子闺阁生活的日常。爱香的女子，晨起后会先焚一炉香，在香气中开启一日生活。冯思慧的《秋晓》曾描绘这一情景："未开奁匣梳青鬓，且向金猊焫好香。"在闺阁事务中，香事也是古代女子学习的重要学科，她们以识香、合香、焚香等事务，作为陶冶情操、修身养性的生活乐趣。

古时所用熏香，多是各种香料依方调配的合香。气味多样且有趣，不

闺阁女子焚香图 1

同香材的组合搭配，能给人不同的嗅觉感受，或是富贵清丽，或是恬淡清雅，或是清冷幽寂。

"佳人杏里香"是一款古代经典闺阁用香。此香香气甜美、飘柔，香韵富于变化，清扬不浮而幻化万千，温润不燥，尤入心经调理情丝，可疏肝解郁也。

仔细看"佳人杏里香"的香材成分不难看出，其实这不单纯是一款愉悦身心的香料方，还是一副针对女性解郁调理的中药方，其配伍如下：

降真香，檀香，乳香，芸珠粉，木粉，玉龙，楠木粉。

降真香是药与香的完美结合体，古人发现降真香拌和诸香，至真至美，誉为众香之首。焚之可辟秽祛疾，安神去浊，辟天行时气，被称为天香或神香。

檀香，味辛、性温，归脾、胃、心、肺经。具有开胃止痛、行气温中等功效。

乳香，其性味辛、苦、温，归心、肝、脾经，具有活血止痛、消肿生肌、通经等功效。

芸珠粉，也叫作枫香脂，有解毒、散瘀、消肿的功效，对于痈疽肿痛初起或痈

闺阁女子焚香图 2

疮溃烂都有很好的治疗作用。

僵蚕，一种动物类药材，炮制后常用于治疗中风、惊风、头风等。

焚"佳人杏里香"有愉悦身心、解郁疏肝之辅效，主要体现在能减少焦虑烦躁、静心解郁，提升正气，并有助于提高空气质量和杀灭细菌、病毒，从而提高人体外部接触的空气质量。此外，还能温暖身体、保健肠胃，并通过其香气舒畅精神、平衡神经系统。当然，焚香只能作为调理身心的辅助手段，具体的医疗治疗仍应遵医嘱。

日天金阳香

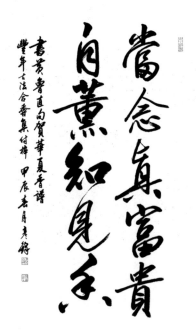

民盟中央宣传委员会副主任、北京中国书画协会副会长杜彦锋为本书题写黄庭坚名句"当念真富贵，自薰知见香"

"日天金阳香"乃暖香之上品，祛秽理气，气血兼顾。香如其名，阳性力量巨大，为秋冬季节必备之佳品。

什么是暖香？

宋代陈元靓所著《岁时广记》卷四"炷暖香"条目写道："《云林异景志》载，宝云溪有僧舍，盛冬，若客至，不燃薪火，暖香一炷，满室如春。"

明代周嘉胄所著《香乘》、高濂《遵生八笺》皆辑录此条，但并无暖香香方传世。清代董说《非烟香法》的"香医"篇中写道："蒸荔壳，如辟寒犀，使人神暖。"又道，"消暑，宜蒸松叶。凉鬲，宜蒸薄荷。辟寒，宜蒸桂屑，又宜蒸荔壳。"在和香所用的香药中，乳香、檀香、丁香、木樨等皆为辛温发散的暖里之药，亦有生暖之功效。由此分析，暖香或为和香，亦或是南亚所产辛温之香料。

《香乘》卷八"香异"中录有引自任坊《迷舆记》"辟寒香"曰："辟寒香，丹丹国（今马来西亚马来东北岸的吉兰丹）所出，汉武帝时入贡。每至大寒，于室焚之，暖气翕然自外而入，人皆减衣。"此香为焚燃之香，另有"辟寒香"的记载虽是薰佩之香，但其发香的方式也应为在铜制香囊中焚燃发香，如此香气和热量借助金属的热传导而发散。

古人为何讲究焚香取暖呢？因为香料常被称为香药，具有显著的药用功效。

《香料传奇》中指出，并非所有的药都是香料，但所有的香料都是药。

古人除了香料入药，用以治疗疾病，焚香也是一种疗疾的方法，从中医的角度来说，焚香属于外治疗法中的"气味疗法"。如焚烧具有驱寒祛湿的合香，祛除体内的寒气和室内的湿气，提高室内温度，身体自然就会感觉暖暖的。

香料香材图

香气不仅仅有五味，也有冷暖。

古人的香是内涵丰厚的妙物。它是芳香的，有"椒兰芬苾""沉檀龙麝"；又是审美的，讲究典雅、蕴藉、意境。有"焚香伴月""香令人幽"，有"香之恬雅者、香之温润者、香之高尚者"，有祛疫避瘟香、愈疾香，有佛香、道香，有"冷香""暖香"，多姿多彩、情趣盎然，它更能养护身心，开启性灵。与冷香不同，冷香是清淡之香，暖香是浓烈之香。

"日天金阳香"香方的香材如下：

沉香，檀香，降真香，艾叶，元参，玉龙，麝香，红花，乳香，制没香，肉豆蔻，芸珠粉，桂枝，七里香，灵陵香，白芷，川芎，木粉，楠木粉。

皓月清宵，冰弦曳指，长啸空楼，苍山极目，未残炉热，香雾隐隐绕帘。又可祛邪辟秽。随其所适，无施不可。可以说这是对香与生活之关系最生动的总结。

敬贤春鳞香

长空秋雨歇，睡起觉精神。看水看山坐，无名无利身。

偈吟诸祖意，茶碾去年春。此外谁相识，孤云到砌频。

"敬贤春鳞香"的主要香材有檀香、玉龙、安息香、芸珠粉、木粉等，其药理跟其配伍香材有关，下面就其中主要香材进行详解。

檀香属于中药的一种，别名白檀、白檀木、旃檀等，其具有特殊的气味，可以起到舒缓情绪、安神助眠的作用，对于长期因工作或学习压力过大、情绪紧张而导致的失眠症状，可有效发挥缓解相关症状的效果。

檀香除了安神助眠的作用外，还起到理气和胃的作用，对于寒气入体导致的胃痛、心痛、胸痛等症状，有不错的缓解效果。

玉龙，中药，又名僵蚕，僵蚕为蚕蛾科昆虫家蚕4~5龄的幼虫感染（或人工接种）白僵菌而致死的干燥体，多于春、秋季生产，生用或炒用入药或炮制入香，其主要功效为息风止痉、祛风止痛、化痰散结。

玉龙香材

《本草纲目》中记载：僵蚕，蚕之病风者也。治风化痰，散结行经，所谓因其气相感，而以意使之者也。又人指甲软薄者，用此烧烟熏之则厚，亦是此义。盖厥阴、阳明之药，故又治诸血病、疟疾、疳病也。

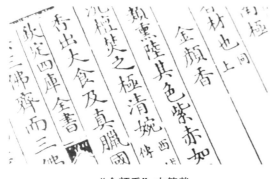

"金颜香"古籍载

安息香，别名金颜香。目前香学学者多认为金银香与金颜香同，故一并列出。

金银香中国皆不出，其香如银匠榄糖相似，中有白蜡一般白块在内，好者白多，低者白少，焚之气味甚美，出旧港。——《华夷续考》

金颜香与安息香两个名称曾在《猎香新谱》的"世庙枕顶香"中一起出现过，但这仍不能成为"金颜香不是安息香"的证据，就好像沉香与栈香、黄熟香等一起出现。

"金颜香即安息香"最有力的证据是由冯承钧先生在一百年前就指出的"金颜香，瀛涯胜览旧条做金银香，皆马来语 kemenyan 之对音，今名 Sweet benzoin 者是"，而 benzoin 就是特指今天的安息香，并无异议。

芸珠粉是行香界又一特别有争议的香材，但是说到它的别名枫香脂、枫脂、白胶、胶香、白胶香，大家也就都豁然开朗了。

综上所述，不管是檀香单方香的安神助睡眠功效，还是芸珠粉的活血理气，抑或是玉龙的祛污化散、安息香的开窍止痛，都需要在科学的配伍比例之下方能达到理想效果。

《本草纲目》中收录了多种香药，也有许多香方和香

金颜香香材原料

"芸珠粉" 香材原料

药为主的药方，用来祛秽、防疫、安和神志、改善睡眠。包括"烧烟""熏鼻""浴""枕""带"等用法，无一不是需要科学配伍，反复临床流传至今的。

"敬贤春鳞香"严格按照古法科学配伍，以其独特的药香气味，使人情绪舒缓，对于长期因工作或学习压力过大、情绪紧张而导致的失眠症状，可有效缓解。

万物袭夜香

渺芸兮袭夜，真阳兮冲月，尘露兮凝魂，山木兮清神，以阴入阳以阳对阴，乃真阳合阴，谓之袭夜，夫天地之间，物各有主。

在许多古装影视剧里能够看到，古人的桌上经常放着一个铜香炉，每日不同时辰会有青烟袅袅升起，甚是有诗意。

那么古人焚香只是单纯追求"诗意"吗？当然不是，在房间内熏香，熏不同品类的香，效果也是迥异的。

如古代房屋防水效果不佳，因此房间内一般阴暗角落多会有湿气、潮气，这时候焚祛湿邪的香，就能祛除房间内的湿气，使房间内舒爽，进而提升阳气。"万

深夜写《华夏香谱》时焚香随拍

物袭夜香"因香方富含藏柏、甘松、龙脑、麝香等阳刚之香材，能祛除房间内的湿气，使房间内舒爽，即使是在夜间焚香，也能为空间内提升阳气。

焚香可以祛异味，平常室内有异味的时候，人们会选择开窗通风去异味，但是如果在不方便开窗通风的空间或隐私空间，点上一炷"万物袭夜香"，会很快祛除空间内异味，其原因就是此香香方中富含乳香、木香、制没药等有祛除异味功效的香材。

依据制作香料的原材料的不同，有一些香还具备安神醒脑的功效；还有一些香起到调养气血、清热解毒的功效。

如果想静下心清神，或读书、或静坐时，不妨也焚一支香，一缕清香袅袅升起，整个人都会沉静下来，以上就是"万物袭夜香"的特点，这款香使人在读书、静坐时静心入定比较明显，焚香阅读，心平气和，拂琴、品茗、打坐冥想，焚此香，是雅致之首选。

以上几点，归纳了此香方的优点，香气进入身体后，通过肺气的宣散，以振奋人体正气，调和五脏功能，使气血畅达充盈，阴阳平衡。

香气对"阳明经"的养护有着特殊的功效。阳明经为阳气生化之海、运行之通衢，被称为人体的"龙脉"，"阳明虚，则恶气易入"。口鼻乃"阳明经"之窍，是人体防病的主要门户，此香夜间使用效果更佳，故取名"袭夜"。

中国新闻出版书法家协会主席、中国出版集团书画协会主席王云武为本书题写李白名句"博山炉中沉香火，双烟一气凌紫霞"

"万物袭夜香"按照古法药方科学配伍，药效功能显著，其配伍香材如下：

君-藏柏、木香、甘松；臣-零陵香、制没药；佐-乳香、龙脑；使-麝香。

初春熏衣香

清·汪恭《寒梦初醒图》

"初春熏衣香"从属于熏香，在中国传统文化中，除了具有很强的实用性之外，其实是被划分于艺术范畴的。古代生活中讲究的人，身上都带有香气，尤其是女性，所谓：闻香识女人。让身上生香的方法有很多，其中很重要的一种方法便是熏衣。

从三国到南北朝时期，贵族的墓葬中都有成套的熏衣器具作为殉葬品，可见熏衣在古代生活中的重要性。

在初唐《千金方》及其他典籍中，都讲过具体的熏香办法，大致是：先在香盘里放很多热水，然后盖上熏笼，把衣服摊在熏笼上，让衣服变得微微潮润，这样有利于吸收香氛。随后将熏笼打开，放入焚好香的小香炉，这时候香盘里仍须有热水，小香炉立在热水当中。接下来把熏笼盖上，把衣服摊在上面，让衣服接受熏香。

《洪氏香谱》也记录了熏香法：

凡"熏衣，以沸汤一大瓯置熏笼下，以所熏衣服覆之，令润气通彻，贵香入衣也。然后于汤炉中烧香饼子一枚……置香在上熏之，常令烟得所。熏讫叠衣，隔宿衣之，数日不散。"

古人在日常生活中特别注重薰衣，居室中永远都会有衣服在熏炉上熏烤着，古典诗词也常常描写这样的情景。如唐代诗人元稹就有句子说："藕丝衫子柳花裙，空著沈香慢火熏。"王健、花蕊夫人所创作的诗句里，也描述了宫女夜间为皇帝熏衣，待皇帝第二天上朝使用的情景；唐人章孝标的诗句"平明小猎出中军，异国名香满袖熏"，讲的则是一位武官外出狩猎，熏衣之香远飘十里的故事。

在传统生活中，熏烤的衣服并不限于女装，也包括男性的衣物。而除衣物外，被子、手巾等也是要经常熏烤的。除了专门的熏衣器具外，还有专门的熏衣香。普通

清·佚名《斜倚熏笼图》

香丸熏出的效果欠佳，所以熏衣香也是特制的，其香型丰富多变。宋代《陈氏香谱》里便记载了九种熏衣香方，其中有熏衣梅花香、熏衣笑兰香等，带有梅花、兰花的气息。

在宋代，有一种表达感情的方式，就是女子会故意把一方手帕用自己常用的香方来熏香，然后将其赠予心仪的异性。在宋人的感受里，这就相当于是把她的衣香给送出去了，时人称其为"分香"，而这种手帕便叫"分香帕子"。把自己身上的香气散播开来的同时，也将自己的感情奉献出去，这是一种含蓄而又明确的表达。

"初春熏衣香"除了有防霉抗菌、防蛀、防蚊虫等实用特点以外，还具有润香的效果，熏出的衣服香气清润，没有烟火气，具有淡淡的春天芳草地的气息，因此而得名。

最后，用宋代词人吴文英的《天香·熏衣香》来结束此篇：

珠络玲珑，罗囊闲斗，酥怀暖麝相倚。

百和花须，十分风韵，半袭凤箱重绮。

茜垂西角，慵未揭、流苏春睡。

熏度红薇院落，烟锁画屏沈水。

温泉绛绡乍试。

露华侵、透肌兰沚。

漫省浅溪月夜，暗浮花气。

荀令如今老矣。

但未减、韩郎旧风味。

远寄相思，余熏梦里。

佳节福袋香

"佳节福袋香"，顾名思义，每在佳节吉日开运时佩戴悬挂使用，秉承法脉，沿袭传统，隆昌大吉，盈财运，保健康，防小人，化太岁，所以被人们喜称为"福袋"。

也有些地域称"香囊"是中华传统文化中的一大特色佩戴或是送人，都寓意着祈福纳祥，祝愿佩戴者来年健康、平安、顺遂、圆满。

中药香囊有着悠久的历史。用中药香囊抑制传染病起源于明代的《瘟疫论》，古人更是把香囊作为"衣冠疗法"来辟邪防病，补益正气。

史料《香乘》记载，香囊中所配伍的最早的合香叫作"清镇香"，相传此香能清宅宇，辟诸恶秽，其中"清"的是宅宇，"镇"的是污浊小人。其原方如下：

金沙降、安息香、甘香各六钱，速香、苍术各二两，焰硝一钱。右用甲子日合就，碾细末，兑柏泥白芨造，待干，择黄道日焚之。

中国人早在周代的时候便开始将香融入生活中，它的主要作用包括香氛、祛秽、驱虫、计时及一定程度的医疗养生作用。在几千年的发展过程中，香的计时功能被更为精准的钟表所替代，驱虫功能也被更加直接的驱虫剂所替代。而被最为广泛留存下来的，是香氛和祛秽的作用，最方便携带使用的就是香囊。

世人对香囊的认知，多数停留在其塑造空间香氛的功能上，毕竟香的本意便是"芬芳美好的气味"。但实际上，香囊除了让空气中的气味更加美好外，还负责将空气中不好的气

丰年佳节福袋

味祛除，这种功能便是祛秽。比如，家里来了客人，为了让原本无味的空间香气更好，可以悬挂使用芬芳的花香香囊，以香气待人，便是以礼待人，这叫作正向增加；住进一家酒店，房间中有污浊的味道，此时增加香氛并不是好的选择，香气和浊气混杂在一起，会组合成一种怪异的气味，比臭味更令人难以忍受，此时应该用的是祛秽除浊的香囊，这叫作负面消除，也就是祛秽。

在中国古典用香中，对于香的审美和取舍，从来都不是单一地追求甜美，虽然甜美的香气让人迷醉，但也不是适用于各时各地的。例如，桂虽能代表美好，但唯有兰能代表高尚，而白芷之类的苦香，则代表了清欲、辟浊，是一种君子自洁的香型。

总之，香囊用香有别于加热焚香型的香材的选材和配伍，香囊香材是生闻便有明显的芳香味的，不像大多数需要点燃的香类，需要高温逼发芳香分子才产生生香效果，此类香囊民间最常见的就是端午节所使用的端午香囊。

"五月五，是端阳，插艾叶，戴香囊，吃粽子，撒白糖，龙船下水喜洋洋！"每逢端午，孩子们总无法掩饰内心的喜悦，可以放假，可以吃粽子、挂香囊、划龙舟…然而，端午时节，天气开始湿热，"五毒"尽出，蚊虫开始滋生，这时各地就流行起兰汤沐浴、悬艾草、饮药酒、佩香囊等习俗，以表达辟瘟除秽、祈求健康平安的美好愿望。

古代我国北方一些地方认为农历五月是一个"毒月"，要在五月五日

配伍香囊香材

辟邪驱瘟。古人为什么认为这一天会有邪气侵害呢？因为先秦时代的人们相信阴阳二气的和谐是宇宙正常运行的基本保证，一年之中的各个自然节气是宇宙运行的关键点，尤其是冬至、夏至。冬至，阴气极盛，但是阳气开始复苏；夏至则是阳气极盛，阴气开始产生，百毒将随着酷暑的到来而慢慢猖獗，于是五月又称为"恶月""毒五月"。

我国周朝就有佩戴香囊、沐浴兰汤的防病习俗。香囊属于中医佩香疗法的一种，将芳香药末装入特制布袋中佩挂身上，借药味挥发以防治疾病的，此方法在我国的运用源远流长。

姥姥缝制的佳节福袋

湖南长沙马王堆一号汉墓中出土了具有祛秽保健作用的香囊，说明汉朝人已经擅长使用香囊防病。唐代孙思邈的《备急千金要》中各种辟瘟药方所选的药物均以芳香药为主，并且许多药方是采用佩戴香囊的方式使用的。

东晋时期，葛洪的《肘后备急方》中记载了太乙流金方、虎头杀鬼方等多个中药香囊辟瘟处方，方法是将药物打散，装香囊中悬挂，以起到辟秽作用。除了预防疾病，香囊在古代还可用作饰物、美容、清新气味，青年男女也常用互送香囊的方式寄托情谊。

香囊中的药物并没有直接杀死病毒和细菌的作用，而是药物散发出持续的芳香气味，刺激人体呼吸道黏膜产生分泌型免疫球蛋白A，这种抗体对病毒和细菌有较强的灭杀作用，使这些微生物在上呼吸道黏膜不能存活，因而起到预防传染病的作用。

在历代典籍中，描述福袋/香囊的句子有很多，也可见香囊的使用之广泛：

当此际，香囊暗解，罗带轻分。谩赢得、青楼薄幸名存。

宋·秦观《满庭芳·山抹微云》

译文：悲伤之际又有柔情蜜意，心神恍惚下，解开腰间的系带，取下香囊。徒然赢得青楼中薄情的名声罢了。

何以致区区？耳中双明珠。何以致叩叩？香囊系肘后。

魏晋·繁钦《定情诗》

赋予更多美好寓意的佳节福袋

译文：用什么表达我的真诚呢？戴在我耳上的一对明珠。用什么表达我的挚诚呢？系在我肘后的香囊。

忆当年，周与谢，富春秋，小乔初嫁，香囊未解，勋业故优游。

宋·张孝祥《水调歌头·和庞佑父》

译文：回忆历史上的那年，正是三国的周瑜和东晋的小谢，年轻力壮谱写春秋。小乔刚刚出嫁，紫罗香囊犹未焚解，不朽的功业已经建立，的确从容优游。

身作琵琶，调全宫羽，佳人自然用意。

宋·欧阳修《蕙香囊》

译文：全身心弹奏着琵琶，调试着琵琶的全部音准，佳人自然地用心去弹奏。

　　览香囊无语，谩流泪、湿红纱。记恋恋成欢，匆匆解佩，不忍忘他。

元·白朴《木兰花慢 感香囊悼双文》

　　译文：看着腰间的香囊不知道说什么，只能默默流泪湿透了衣纱。想起相恋时的愉快时光，匆忙地把香囊解下来，不忍心看它，以免睹物思人。

　　由此可见，我国古代佩戴香荷包的历史悠久，可追溯至周代之前。据《礼记·内则》记载："子弟父母，左右佩用……衿缨，以适父母舅姑。男女未冠笄者，咸盥漱、栉纵拂髦、忽角衿缨，皆佩容臭。"这里所说的"衿缨"是编结的香囊；"容臭"是指香囊中的香物。这段文字记载说明周代年轻人在与父母、舅姑相处时，随身佩戴香荷包（香囊），以表示对长辈的尊敬礼仪。

　　香囊为礼，往往寄托着美好的祝愿，赠予孩童，期望辟邪驱瘟；赠予长辈，寄愿长寿无疆；赠予友人，代表相识相知的君子之交；赠予伴侣，则代表相爱相守、情深意长。

　　"佳节福袋香"的香材包括：龙脑、石菖蒲、薄荷、辛夷、艾草、藿香、佩兰、白芷、崖柏、苍术等十种中草药，将其和合而

丰年古法配伍佳节福袋/香

成，亦取十全十美之意。由于香材的气味清新，药味馥郁，因此，有利于提神醒脑、稳定情绪、舒缓压力，还能净化空气、抵御病毒。其中的有效成分对多种病菌有不同程度的抑制或灭杀功能，还可以不断刺激机体免疫系统、调节身体的免疫状态、提高机体免疫功能和身体抗病能力。

卷二　单方香

A

澳洲檀香

澳洲檀香包括西澳檀香、北澳檀香、澳洲老山檀。

澳洲所产的檀香木有两个产区，分别为西澳与北澳，西澳檀香的产量非常稳定，由于澳大利亚国家利用造林平衡砍伐方案，所以在货源供应上比较稳定。

西澳洲檀香木气味清甜，既有新鲜树木的清新味道，也有瓜果的甜香，但是醇厚度欠缺。

北澳檀香木清闻如花香，但昙花一现般兼有类似橘皮的味道以及苦辛感。老料清闻比较好闻，新料则酸味重，且上炉劣势尽显，虽然花香张扬但也有类似燃陈皮的感觉，香气冲脑，久熏易头晕。

澳洲老山檀香燃烧后的香气淡雅柔和，微带玫瑰香，可以让人从一开始就能感觉到它的妖娆和惊艳，给人以十分强烈的嗅觉震撼，久嗅则有轻微的酸意。

【功效与作用】

檀香为檀香科植物——檀香树树干的干燥心材，为长短不一的圆柱形木段，表面灰黄色或黄褐色，光滑细腻，有的具疤节或纵裂，横截面呈棕黄色。味辛、性温，归脾、胃、心、肺经。具有开胃止痛、行气温中等功效。

（1）开胃止痛：檀香气味辛辣，能够帮助气血运行，性质较温和，可以散解寒冷，常用来治疗胃胀、腹痛、食少呕吐等脾胃不适感。

（2）行气温中：檀香有行气温中之效，可用于治疗由气滞而致的胸腹疼痛，包括胃寒引起的痉挛性疼痛、小腹虚寒疝痛以及心绞痛，常配伍砂仁、枳壳、沉香等药材。

安息香

安息香又名金颜香，《香乘》记载："安息香，梵书谓之拙贝罗香。"《西域传》云："安息国，去洛阳二万五千里，北至康居。其香乃树皮胶，烧之，通神明，辟众恶。"《汉书》有文："安息香树，出波斯国。波斯呼为辟邪。树长二三丈，皮色黄黑，叶有四角，经冬不凋。二月开花，黄色，花心微碧，不结实。刻其树皮，其胶如饴，名安息香，六七月坚凝，乃取之。"《西阳杂俎》里说："安息出西戎。树形类松柏，脂黄黑色，为块，新者柔韧。"《本草》云："三佛齐国有安息香树脂。其形色类核桃瓤，不宜于烧，而能发众香，人取以和香。"

目前香学学者多认为安息香与金颜香同。古书对两种香料的记载如下：

"香类熏陆，其色紫赤如凝漆，沸起不甚香而有酸气，合沉檀焚之极清婉。"（《西域传》）

"香出大食及真腊国，所谓三佛齐国出者，盖自二国贩去三佛齐，而三佛齐乃贩至中国焉，其香乃树之脂也，色黄而气劲，盖能聚众香，今之为龙涎软香佩戴者多用之，番人亦以和香而涂身。真腊产金颜香黄、白、黑三色，白者佳。"（《方舆胜略》）

"元至元间，马八儿国贡献诸物，有金颜香千团。香乃树脂，有淡黄色者，黑色者，劈开雪白者为佳。"（《解醒录》）

通过各家著作中对香料的记录对比，金颜香更像是今天的安息香。本书认同金颜香确实就是安息香的观点，《西域传》记载的金颜香应就是今日泰国产安息香，安息香的泰语发音为 GenYan，基本就是金颜香的汉字发音。国内学者扬之水也曾在《香识》中阐述了目前安息香的情况："安息香，即安息科安息香树的干燥树脂，今产于印度尼西亚、越南、泰国等地。"指出金颜香是今产于泰国湄公河附近的暹罗安息香树的产物。从目前的使用来看，印度尼西亚安息效果最好，泰国其次，越南产又次之。这一点在原料的价格上也有所体现。

艾叶

艾叶又名艾（《诗经》）、冰台（《尔雅》）、艾蒿（《尔雅》郭璞注）、医草（《别录》）、灸草（《埤雅》）、蕲艾（《蕲艾传》）、黄草（《纲目》）、家艾（《医林纂要》）、甜艾（《本草求原》）等，为菊科植物艾的干燥叶。生长于路旁、草地、荒野等处。夏季花未开时采摘，除去杂质，晒干。中国大部分地区有分布。

适当闻艾草味，有散寒除湿、温经止血、镇静助眠、舒缓心情等好处。因为艾草中含有较多的有机成分，如挥发油类、黄酮类、酚类以及糖类等。其中挥发性的油性物质是艾草特殊清香的主要来源，能够在一定程度上缓解疲劳，使心情得到放松。对于睡眠不好的人群而言，晚上睡觉前适当地闻一闻艾草味，其清香的味道有一定的助眠效果。同时这种气味，对蚊虫有强烈的刺激作用，可以用于驱赶蚊虫。

艾草除了可以闻气味外，还有一定的抗菌消炎作用，可以直接作为一种药物来使用。如产妇生产后，可以通过在下腹进行热敷艾草，促进子宫收缩，减少疼痛和恶露，有助于产后恢复。但对艾草味过敏的人群通常不建议闻艾草，尤其是由于闻艾草而诱发支气管哮喘的人群，应禁止闻艾草味。

【性味归经】

艾叶性味苦辛，微温，古时常用来温经散寒、祛湿止痒、助眠，现代常用艾叶泡脚，促进血液循环，疏通经络，祛除体内的寒气。

【典籍记载参考】

（1）《本草纲目》：温中、逐冷、除湿。

（2）《本草求真》：专入肝脾，兼入肾。

【炮制方法】

（1）艾叶：除去杂质及梗，筛去灰屑。

（2）醋艾炭：取净艾叶，置锅内，用武火加热，炒至表面焦黑色，喷醋，炒干，取出凉透。每100千克艾叶，用醋15千克。成品为焦黑色不规则的碎片，可见细条状叶柄，具醋香气。

唵叭

唵叭，香名，梵语音译为胆八，亦作唵吧香。以胆八树的果实榨油制成，能辟恶气，又称胆八香。

唵叭作为香材合香，具有抗菌、通窍、清痰散郁火、去翳明目、消肿止痛的功效。此外，对镇静、降气止喘、降压养心、纳肾温中、补五脏、暖腰膝也有一定效果。

在古代的典籍记载中，唵叭香被用来驱逐鬼怪和邪恶之气，如《五杂俎》和《香乘》等书籍中都有相关的描述。但请注意，这些功效和作用主要基于古代的信仰和传说，现代科学并未证明其确切效果。

B

白檀香

白檀别名碎米子树、乌子树，为檀香科类树木的一种。白檀香是取自檀香木的树心部分，提炼而成的香料，性温、味辛，气味芳香，有宣发气滞、畅膈宽胸、温胃散寒等功效。

白芷

白芷别名祁白芷、禹白芷、走马芹、会白芷、香大活等。白芷性味辛，温。归胃、大肠、肺经。

【炮制方法】

拣去杂质，用水洗净，浸泡，捞出润透，略晒至外皮无滑腻感时，再闷润后，切片干燥。

【典籍记载参考】

《雷公炮炙论》：采得白芷后，刮削上皮，细锉，用黄精亦细锉，以竹刀切二味等分，两度蒸一伏时后，出，于日中晒干，去黄精用之。

《纲目》：今人采（白芷）根洗甜寸截，以石灰拌匀晒收，为其易蛀并欲色白也。入药微焙。

白芷能促进血液循环，缓解风寒引起的疼痛，改善鼻塞、流涕等症状，并增强机体抗寒能力。合香中的白芷等成分能刺激人体末梢神经、舒缓经络，有助于活络通络、舒筋活血，并提升身心灵的能量，改善身体健康，促进内心平静。

柏铃

柏铃即柏树籽，柏树籽与柏子仁并不相同。

柏树籽中的果仁就是柏子仁，都是一种中药。将柏子仁从柏树籽中分离出来，留下来的就是柏子壳，柏子壳中含有大量的纤维素，可以燃烧，一般用来做香，其中还含有一些菘萜、柠檬萜成分；柏子仁，一般民间多用来做枕头，有一定的安神、助眠效果。两种的药用香理效果是一样的，可以通用。

柏铃性味甘、平，可单独炮制制作柏籽香。柏树籽对润肠通便、安眠、提高免疫力有一定效果。

柏铃的药用始载于汉朝的《神农本草经》，并被列为上品，称其有"主惊悸、安五脏、益气、除湿痹，久服令人润泽、美色、耳目聪明、不饥不老、轻身延年"的功效。在《本草纲目》中也有"养心气、润肾燥、益智宁神"的记载。

背阴草

背阴草为凤尾蕨科植物凤尾草的全草。别名很多：井口边草，小金星凤尾，铁脚鸡，山鸡尾，井茜，井阑草，石长生，凤凰草，井边茜，鸡爪莲等。

背阴草入合香具有清热解毒、利尿通淋、消肿止痛等功效。它含有苦味成分和挥发油等活性物质，具有一定的抗菌、抗病毒和抗炎作用，可用于治疗热毒引起的感染性疾病。

白芨

作为一种兰科植物，白芨的干燥块茎不仅在传统医学中有着广泛的应用，而且在合香中也有其独特的用途。

白芨在合香中的主要功效和作用是气味美妙，具有温暖而治愈的感觉。其黏合性使合香无须黏土即可直接揉成团子。此外，白芨本身还具有补肺、止血、消肿、生肌、敛疮等多种药用价值，对于治疗肺伤咳血、溃疡疼痛、汤火灼伤等症状有显著效果。

此外，白芨的多种用途还体现在其可以直接外敷患处，治疗外伤出血，以及用水或油调敷于患处，分别用于治疗手足皲裂和水火烫伤。这些用途展示了白芨在医药领域的广泛应用，同时也反映了其在合香制作中的多功能性，尤其是在需要黏合和固定香料成分的场合。

柏香

柏香是柏科、圆柏属植物高山柏的别名。柏香在合香中扮演着重要的角色，它不仅能够养心气、润肾燥，还具有祛疫辟秽、启迪才思的作用。

柏香在合香中的使用历史悠久，被认为是一种养生香中难得的佳品。在合香中，柏香通常与其他香料如沉香、白檀等配合使用，以达到特定的香气和功效。例如，宋代吴悮的《丹房须知》中，就提到了使用柏香与其他香料合制的高级香料。

此外，柏香还具有一定的药用价值，可以用于缓解失眠焦虑、清热解毒、抗菌消炎等。在现代医学临床中，柏香还被发现具有广谱抗菌作用，并对防止感冒有一定作用。

薄荷

薄荷又名南薄荷、土薄荷，是唇形科薄荷属的一种多年生草本植物。花期7—9月，果期10月。

薄荷是重要的药食两用植物，幼嫩茎尖可作菜食，全草可入药，具有疏散风热、清利头目、利咽、透疹、疏肝行气的作用。薄荷也是一种具有特种经济价值的芳香作物，薄荷植株常用作景观绿化植物，亦是食品添加剂、化妆品、香料等工业的重要原材料。

白笃耨

白笃耨是笃耨香中色白而透明者，产于真腊（今柬埔寨），为名贵的香料。宋代曾慥《高斋漫录》："薛昂言：白笃耨初行于都下，每两值钱二十万。蔡京一日宴执政，以盒盛二三两许，令侍妪捧炉巡执政坐，取焚之。"明代李时珍《本草纲目》中记载："笃耨香出真腊国，树之脂也。树如松形，其香老则溢出，色白而透明者名白笃耨，盛夏不融，香气清远。"

白梅

白梅见于文献《本草经集注》，别名盐梅（《尚书》）、霜梅（《纲目》），白霜梅（《本草便读》）。其味酸涩、咸，性平。

【炮制方法】

《齐民要术》中说：作白梅，梅子酸，核初成时摘取，夜以盐汁渍之，昼则日曝，凡作十宿十浸，十日便成矣。

白梅肉入合香具有利咽生津的功效，它不仅能调和脾胃，还可以减缓工作压力。白梅肉作为中药，本身具有滋阴润燥、生津止渴、清热解毒等多种作用，对咽干口渴、声音嘶哑、食欲不振等症状有一定效果。

C

沉香

沉香，作为四大名香"沉檀龙麝"的首位，自古以来有着太多的名称与或分类，众说纷纭，相当复杂。下面，尽量言简意赅地对沉香做一总结。

四名十二状

从历史上看，我国最早对沉香进行比较系统地分类与分级的，是宋代著名的香学大家——丁谓。丁谓根据其品质和形态特征，将沉香分为"四名十二状"，这一分类系统不仅体现了沉香的品质等级，还反映了其独特的形态特征。

"四名"指从等级上分类，分为4种不同品级，具体如下。

（1）沉香。顾名思义，该类香通常能沉入水中，为最高品质的沉香。

（2）栈香。半沉半浮或不沉不浮的沉香。

（3）黄熟香。较为成熟的沉香，品质较沉香和栈香低。

（4）生结香。指树木尚有青叶未死时采摘的沉香，品质较沉香、栈香和生结香三类低。

"状"是从外观来分类，大致分为12类形状。

（1）沉香分为八状，即：乌文格、黄蜡、牛目、牛角、牛蹄、雉头、泊髀、若骨。

（2）栈香状，即虫镂（昆仑梅格）。

（3）黄熟香有二状，即伞竹格、茅叶。

（4）生结香状，即鹧鸪斑。

自丁谓以后，上述分类方法基本上为历代香学名家所继承，并在此基础上略作增删。

另外，沉香还可以从野生沉香和人工沉香来区分为两大类，即：野生沉香，是指采集自野外野生树木、非人工为求量产而致伤或加以其他手段令沉香树所结的沉香；人工沉香，为求量产而人工致伤或加以其他手段令沉香树种所结的沉香（不论野生或种植树木）。

以下为关于沉香的生僻术语。

板头：指白木香树整棵被锯、砍掉或大风吹断，树桩经长年累月风雨的侵蚀，在断口处形成的沉香。

包头：指断口周边已被新生树皮完全包裹住的板头。

板头和包头又分"老头"和"新头"：

老头：指断口经风雨侵蚀的时间较长、断口处的木纤维已完全腐朽脱落，断口处呈黑色或褐色而且质地坚硬的板头或包头。腐朽面质地越硬、颜色越深者越佳（腐朽面质地极硬、颜色深褐或黑色俗称"铁头"）。

新头：指断口经风雨侵蚀的时间较短、断口处的木纤维尚未腐朽或未完全腐朽脱落，颜色很浅或呈黄白色，质地松软的板头或包头。

吊口：指白木香树身被砍伤之后结出的沉香。

虫眼：亦即"虫漏"，指白木香树因受虫蛀，分泌油脂包裹住受虫蛀的部位而结成的沉香。

壳沉：指白木香树树枝受风吹断落，断口经风雨侵蚀，分泌油脂而形成的呈耳壳状的沉香。

锯夹：指白术香树上有锯痕，而树在锯痕周边分泌出油脂而形成的沉香。

水格：指枯死的白木香树经雨水侵蚀或浸泡，油脂沉淀而形成的沉香，一般呈均匀的淡黄色、土黄色或黄褐色，油线不明显或没有油线，闻之有较其他国产沉香浓郁香味的沉香，木质越硬、香味越浓、颜色越鲜者越佳。

水沉：是指白木树在生长过程中，遭受外部因素打击而倒在水中。树上的伤口受到水分病菌感染，导致一部分树木腐烂，而没有腐烂的那部分，就结成了水沉香。水沉香的形成非常具有偶然性，可遇而不可得。

土沉：又称"地下革"，是指枯死的白木香埋于地下所形成的沉香，多为树头树根，一般颜色较浅。

枯木沉：俗称"死鸡仔"，是指枯死的白木香树含油脂的部分，因长时间沉积发酵，颜色变浅，呈灰色或浅灰色的沉香。

皮油：指白木香树皮下层分泌出油脂、形成的一层沉香，多呈竹壳状。

夹生：指沉香成品中，夹杂有新生的白色木质部分。

奇楠：指含油脂非常丰富、刮之能刮下粉蜡状物质且能捏成团而不散；尝之麻嘴麻舌，嚼之有点粘牙，而且气味清香凉喉；燃之香味醇厚、黑烟浓密的沉香。颜色呈绿色、深绿、土黄、金丝黄、黑色等。传说有白色、紫色等色的奇楠，但非常少见。

"奇楠"是从梵语翻译的词，唐代的佛经中常写为"多伽罗"，后来又有"伽蓝""伽南""棋楠"等名称。奇楠是沉香中的极品，其成因虽然与普通沉香基本相同，但两者的性状特征又有很多差异，所以习惯上让它单成一类，且列为沉香中的上品。奇楠按颜色的不同，可分为白奇楠、青奇楠、黄奇楠和黑奇楠等，尤以白奇楠最为罕见和珍贵。依照性状，也有人将奇楠分五种，即：鹦哥绿（绿奇楠）、兰花结（俗称紫奇楠或蜜奇楠）、糖结（俗称红奇楠）、金丝结（俗称黄结）和铁结（黑奇楠）。

沉香的别名很多，主要有：沉水香、伽南香、药沉、伽罗、蜜香、角沉、奇楠、崖香、栈香、煎香、落水沉、海南沉、海南香、奇南香、蓬莱香、生结香、异水香等。

当遇到以上称谓时，别慌，有可能都是在指同一款香——沉香。

川芎

川芎别名山鞠穷、香果、雀脑芎、京芎、贯芎、生川军，主产于四川（灌县），在云南、贵州、广西等地均有栽培，不耐寒，生长于温和的气候环境。川芎是一种中药植物，富含挥发油、烟酸、蔗糖、多糖等，可用于合香。

【性味归经】

川芎味辛，性温；归肝、胆、心经。

【典籍记载参考】

《本经》：味辛，性温。

《唐本草》：味苦辛。

《汤液本草》：入手足厥阴经、少阳经。

《医学启源》：补血，治血虚头痛。

《纲目》：燥湿，止泻痢，行气开郁。

川芎在古代炮制方法有唐代的熬制（《千金翼》）；宋代的微炒、醋炒（《博济》）、粟米泔浸（《证类、御药院方》）；元代增加了米水炒、茶水炒（《世医》）；明、清时代又增加了酒煮（《普济方》）、醋煮（《医学》)、白芷蒸（《得配》）等炮制方法。

在合香中，根据使用方向的不同来决定生用或制用川芎。熬香之药膏、香膏、香贴等香疗品时生用为多；调制熏熱类的香品时选择炮制后使用为多。但川芎味厚且辛香走窜力强，因此在和香使用时需注意剂量。

川芎入香后，具有增香祛腥膻的功效，常作为香料用于烹饪中，如熬制酱汤、卤水或养颜粥类。同时，川芎作为中药材，具有活血化瘀、缓解头痛、调节血压、抗菌消炎、镇静安神等作用，可用于治疗痛经、头痛、高血压等疾病。但川芎在使用时须适量，避免长期大量使用可能导致的中枢神经系统和对肝脏功能的影响，特殊人群如孕妇、哺乳期妇女等须在医生指导下使用。

苍术

苍术是中药名，为菊科植物茅苍术或北苍术的干燥根茎。古时常用来燥湿健脾、祛风散寒、明目。

【典籍记载参考】

（1）《本草纲目》：大风痹，筋骨软弱，散风除湿解郁。汁酿酒，治一切风湿筋骨痛。

（2）《本草从新》：燥胃强脾。发汗除湿。能升发胃中阳气。止吐泻。逐痰水。

陈皮

陈皮别名橘皮、贵老、红皮、黄橘皮、广橘皮、新会皮、柑皮、广陈皮，素有"一两陈皮一两金""百年陈皮胜黄金"之说。陈皮，为芸香科植物橘及其栽培变种的成熟果皮。陈皮药材分"陈皮"和"广陈皮"，香材则两者皆可用。

《本草纲目》中说，脾乃元气之母，肺乃摄气之仓，而陈皮是"二经气分之药"，广泛用在治疗许多疾病上，可健脾、开胃、养肝，还能止咳化痰、燥湿祛痰、理气和中。现代医学发现陈皮里的挥发油，可以缓和消化道所受的刺激，利于排出积气，对食积不消、腹胀的改善效果良好，且对咳嗽痰多的症状也有减缓效果。

陈皮的苦味物质是以柠檬苷和苦味素为代表的"类柠檬苦素"，这种类柠檬苦素味平和，易溶解于水，有助于食物的消化；陈皮用于烹制菜肴时，其苦味与其他味道相互调和，可形成独具一格的风味；陈皮含有挥发油、橙皮苷、维生素 B、C 等成分，它所含的挥发油对胃肠道有温和刺激作用，可促进消化液的分泌，排除肠管内积气，增加食欲。

陈皮辛散通温，气味芳香，长于理气，能入脾肺，故既能行散肺气壅遏，又能行气宽中，常与木香、枳壳等配伍应用作合香。

陈皮的区分有以下几种方式：

（1）从气味区分。陈皮具有三种气味即香、陈、醇。3—8 年的陈皮闻起来是刺鼻的香气，并且带果酸味，甜中带酸；9—20 年的陈皮气味清香扑鼻，醒神怡人，没有果酸味；而 20—40 年的陈皮是纯香味，甘香醇厚；50 年以上的陈皮更是弥足珍贵，随手拈起一片陈皮一观一闻，陈化脱囊，超凡脱俗。

（2）从颜色区分。年份短的陈皮内表面呈雪白色、黄白色，外表面呈鲜红色、暗红色；年份高的陈皮内表面呈古红或棕红色，外表面呈棕褐色或黑色。

陈皮与甘蔗渣、梨皮、荔枝皮合称为"四弃香"，又叫"小四和香"。是因为其最初起源于晋代清贫士子中不用花一分钱，只需要使用这四种水果的废弃物即可加工而成。在各种简易香方中，古代文人最为推崇的也是小四和香。其清爽的瓜果香气，虽然没有沉檀龙麝的醇厚绵长，却别有一番清爽香甜的风味，在宋代受到文人雅士的喜爱。

D

大黄

大黄又名黄良、火参，是植物大黄的根及根茎。大黄气清香，嚼之黏牙，有沙粒感，味苦、微涩；入胃、大肠、肝经，有泻下攻积、清热泻火、凉血解毒的特点。

丁香

丁香在古代称为鸡舌香，本书所讲的丁香和观赏的丁香花是完全不同的植物。观赏用的丁香是木犀科丁香属的植物，原产于中国的温带，不能用来做香料和中药。制香和调味用的丁香是热带植物，原产于印度尼西亚的马鲁古群岛及其周围岛屿。

丁香本身是两性花，人们说的公丁香和母丁香，不是学术概念，也没有性别之分，只是在香料的干货市场上根据外形特征而形成的一种约定俗成的说法而已。植物学中解释为：我们日常用来调味的丁香，属于桃金娘科蒲桃属的热带植物，原产于印度尼西亚的群岛上。

公丁香，指的是没有开花的丁香（桃金娘科蒲桃属）花蕾晒干后作为香料。母丁香，指的是丁香（桃金娘科蒲桃属）的成熟果实晒干后作为香料使用。

公丁香和母丁香相比，一个是丁香的花蕾，一个是丁香的果实，二者的药性和主治功能基本是差不多的。但是公丁香由于丁香花蕾中含有丁香油，所以相对来说药力要强一些，同时公丁香还可用作食物香料。在古法香方配伍中如果没有特殊标明的，一般指公丁香。母丁香的药性温和，具有温中散寒、暖胃理气等功能，多用于口服性药方中。

现代研究表明，丁香含挥发油，油中主要含丁香油酸、乙酰丁香油酸及丁香烯等成分，具有抑菌及驱虫作用，常用作芳香镇痉祛风剂。丁香不仅是药用植物，也是世界名贵的香料植物，15世纪西方葡萄牙、西班牙进行东方探险对香料的抢夺，很重要的香料之一就是丁香。

丁香皮

丁香皮，别名丁皮，为桃金娘科植物丁香的树皮。性温味辛；归脾、胃经。

丁香树皮可散寒理气、止痛止泻其含有一部分的丁香油成分，这种成分具有温胃散寒的作用，对于胃寒有一定的调理作用。丁香油还具有杀菌作用，对于腹胀、腹泻现象有改善的作用。

【典籍论述】

（1）《海药本草》：治齿痛。

（2）《纲目》：心腹冷气诸病，方家用代丁香。

（3）《本经逢原》：治腹胀。恶心、泄泻虚滑，水谷不消。

兜娄香

（1）《异物志》中说兜娄香产自海边的国家，像都梁香，也是用来合香用。枝茎长得像水苏。按此种说法，其和现在的兜娄香不一样。

《南州异物志》亦云：藿香出海边国，形如都梁，叶似水苏，可着衣服中。

（2）藿香在佛教中也叫兜娄婆香，《楞严经》中云：坛前以兜娄婆香煎水洗浴。

（3）《广志》云：藿香出海边国。茎如都梁，叶似水苏，可着衣服中。嵇含《南方草木状》云：出交趾、九真、武平、兴古诸地，吏民自种之。榛生，五六月采，日干乃芬香。范晔《合香方》云：零藿虚燥，古人乃以合香。即此扶南之说，似涉欺罔也。《唐史》云：顿逊国出藿香，插枝便生，叶如都梁者，是也。刘欣期《交州记》言藿香似苏合香者，谓其气相似，非谓形状也。

以上史料足以证明，兜娄香即音译的藿香。

藿香为唇形科藿香属植物广藿香的地上部分。茎直立，四棱形，叶心状卵形至长圆状披针形，花冠淡紫蓝色。味辛、性温，归脾经、胃经、肺经。具有芳香化浊、和中止呕、祛暑等功效。

豆蔻

肉豆蔻中有详解。

E

鹅梨

鹅梨为梨的一种，其皮薄多浆，香味浓郁。古代鹅梨是广泛用于做膏方药跟制香的。

网传一说榅桲（新疆木瓜）才是正儿八经制作鹅梨帐中香的材料。这一结论是不合实际的。古代运输条件差且水果保存难，从新疆运到李煜所在的南京、宋代的汴州、杭州等南方地带，早就烂透了，即使是科技和交通都发达的现在，也不新鲜了。

并且，在《本草纲目》以及截图苏轼的话可知，鹅梨是普通人能用得起并广泛用于制膏方药的。另在宋代董弅的《闲燕常谈》中记载"河朔十分清气，为鹅梨占了八分"，河朔便是黄河以北地区，鹅梨产于黄河以北（今主要是河北），和网传所说新疆完全不同，直到如今，在河北一些地方也将鸭梨称为鹅头梨。

【典籍记载参考】

唐·冯贽《南部烟花记·帐中香》：江南李主帐中香法，以鹅梨蒸沉香用之。

宋·范成大《内丘梨园》诗：汗后鹅梨爽似冰，花身耐久老犹荣。

明·李时珍《本草纲目·果二·梨》〔集解〕引苏颂曰：鹅梨，河之南北州郡皆有之，皮薄而浆多，味差短，其香则过之。

F

枫香

详见（芸珠粉）。

G

桂枝

桂枝别名玉桂、牡桂、菌桂、筒桂，是肉桂的干燥嫩枝。其味辛、甘，归心、肺、膀胱经。

很多制香人会混淆桂枝与肉桂这两种香材，这是大忌，因为两者虽然出自同一植物，但却完全不同。

甘松

甘松别名甘松香（《开宝本草》）、香松（《中药志》），为忍冬科多年生草本植物，因全株有强烈的松脂气味而得名。甘松根茎有较为浓烈的松节油样香气，可提制多种香料产品。甘松原产自中国四川、甘肃、青海等地，印度、尼泊尔、不丹、锡金也有分布。

【性味归经】

甘松性味辛、甘，温。归脾、胃经。

【典籍记载参考】

《本草求真》：甘松，虽有类山柰，但山柰气多辛窜，此则甘多于辛，故书载能入脾开郁也。

《本草纲目》：甘松，芳香能开脾郁，少加入脾胃药中，甚醒脾气。治脚气膝浮，煎汤淋洗。

藁本

藁本别名鬼卿、地新、蔚香、微茎、藁板。为伞形科植物，是藁本或辽藁本的干燥的根茎和根。秋季茎叶枯萎或次春出苗时采挖，除去泥沙，晒干或烘干，即可制得。藁本辛温香燥，性味俱升，以发散风寒湿邪见长。

【典籍记载参考】

《名医》曰：一名微茎，生崇山，正月二月采根曝干，三十日成。

《荀子·大略篇》云：兰芷藁本，渐于蜜醴，一佩易之。

樊光注《尔雅》云：藁本一名麋芜，根名靳芷，归作藁，非。

《本经逢原》：辛苦温，无毒。

《本草经解》：藁本气温，秉天春升之木气，入足厥阴肝经；味辛无毒，得地西方之金味，入手太阴肺经。气味俱升，阳也。

桂花

桂花别名木樨、木犀、九里香，是中国木樨属众多树木的习称，代表物种木樨，系木犀科常绿灌木或小乔木，质坚皮薄，叶长椭圆形两端尖，对生，经冬不凋。花生于叶腋间，花冠合瓣四裂，形小，其园艺品种繁多，最具代表性的有金桂、银桂、丹桂、月桂等。

桂花是中国传统十大名花之一，是观赏与实用兼备的优良园林树种。

桂花清可绝尘，浓能远溢，堪称一绝，尤其是中秋时节，丛桂怒放，夜静月圆之际，把酒赏桂，陈香扑鼻，令人神清气爽。在中国古代的咏花诗词中，咏桂之作的数量颇为可观。自古就深受中国人的喜爱，被视为传统名花。

桂花是一种具有观赏和药用价值的花，全国各地多有栽培。其味辛，性温，归肺、脾、肾经。故古籍记载常用于祛痰止咳、行气止痛、活血化瘀等。

【典籍记载参考】

《本草汇言》：散冷气，消瘀血，止肠风血痢。

《国药的药理学》：治口臭及视觉不明。

《陆川本草》：治痰饮喘咳。

秋花之中，桂花因其幽香沁远的特点，最为古人所喜。桂花开时，古人喜欢折一枝桂花放在床帐中熏帐，毛珝在《浣溪沙·桂》中云，"绿玉枝头一粟黄，碧纱帐里梦魂香"。桂花甜润清幽的香味，有安神、稳定情绪的作用，伴着桂香入睡，可以提高睡眠质量。

为了能随时享受桂花的芳馨，古人常用桂花制香，一年四季都有桂香相伴。林洪《山家清供》载："采花略蒸、曝干作香者，吟边酒里，以古鼎燃之，尤有清意。"把桂花蒸一下，晒干，即可为香，读诗饮酒时焚之，自有一种清雅气氛。

宋代比较著名的桂花香，是用桂花与沉香蒸制的"木樨沉"，做法是将桂花与沉香一起密封在瓷罐中，放入蒸锅里小火缓蒸，让沉香染上桂花香味，从而形成层次丰富的复合香气。

宋人的床帐中，就曾焚烧带有沉香与桂花香气的木樨沉，朱敦儒的《菩萨蛮》为证："新篘木樨沉。香迟斗帐深。"周紫芝评价木樨沉，让人有置身秋日山林之感。

宋代还流行用"蜜渍法"制作桂花香，南宋朱翌有长诗《王令收桂花蜜渍坎地瘞三月启之如新》描写蜂蜜、桂花制香："桂花老月窟，堕地散金蕊。长忧风雨馀，失此香旖旎。抚树三叹息，留花姑少俟。枕中有仙方，解使香不死。蜜蜂喜输粮，馀润获渐靡。瘞深阅三月，发覆验封玺。

虚堂习新观，博山为频启。初从鼻端参，忽置秋色里。氤氲缥缈间，可以降月姊。自兹闻四时，何止名七里。"

收集被风吹落的桂花，用蜂蜜拌润，密封在瓷罐中，深埋入地下，窨藏三个月。蜜渍法制桂花香，需注意蜂蜜的用量，桂花与蜜均属甜香之味，蜜多易掩花香，需少用。王欣《青烟录》载："木犀温甜之味本自近人，而蜜尤甜，故宜少用。"

桂花香还有一种简单的制法，是将冬青子捣碎绞汁，与桂花拌一起，密封在瓷器里上锅蒸制，陈敬《陈氏香谱》记载"桂花香"："冬青树子、桂花香（既木犀），右以冬青树子绞汁与桂花同蒸，阴干，炉内爇之。"冬青子也称女贞子，为女贞树的果实，气极清烈，有发香的功效，与桂花调香能增加桂花香味的扩散力。桂花搭配冬青子的制香之法，应该源于用香朴素的僧人。唐宋奢侈用香之风盛行，反对奢侈用香的僧人，就采柏子、桂花这类朴素香材制香，张邦基《墨庄漫录》"木犀条"载："山僧以花半开香正浓时，就枝头采撷取之，以女贞树子俗呼冬青者，捣裂其汁，微用拌其花，入有釉瓷瓶中，以厚纸幂之。至无花时于密室中取至盘中，其香裹裹中人。"

除了传统合香之法，宋人也用蒸馏工艺提取桂花香露，南宋词人向子諲《如梦令》词序言："余以岩桂为炉熏，杂以龙、麝，或谓未尽其妙，有一道人授取桂花真水之法，乃神仙术也，其香着人不灭，名曰'芗林秋露'。"

芗林秋露即蒸馏桂花所得花露，芬芳馥郁，香味持久，"其香着人不灭"。向子諲对桂花香露的评价很高，认为桂花香露远胜于海外舶来的蔷薇水，其《如梦令·欲问芗林秋露》词曰："欲问芗林秋露。来自广寒深处。海上说蔷薇，何似桂华风度。高古。高古。不著世间尘污。"

桂花香露可用于熏衣，也能当作香料使用。将一小碟桂花香露置于炉灰之上，靠香灰下炭火的温度，让桂花香露徐徐挥发，芳盈满室。

广藿香

广藿香梗或叶供药用，为芳香植物，其芳香油具有浓烈的香味，可作优良的定香剂，同时又是馥奇型香精的调合原料，又可与香根草油共用作为东方型香精的调合基础。

广藿香是唇科刺蕊草属植物，性味辛、温，归脾、胃、肺经，具有一定的芳香化浊的作用。广藿香温而不燥，能够缓解中暑引起的头晕、头痛以及肢体乏力。广藿香采摘后用清水浸泡，可以作为食材做汤、炒拌等食用。

甘草

甘草别名美草、蜜甘（《本经》）、蜜草、蕗草（《别录》）、灵通（《记事珠》）、粉草（《群芳谱》）、甜草（《中国药植志》）、棒草（《黑龙江中药》）。

甘草是豆科植物甘草、胀果甘草、光果甘草等的干根，其性平味甘，入心、肺、脾、胃经，因此古时常用于补脾益气、消炎杀菌、增强免疫力。

甘草入香后具有多重功效与作用，主要包括增甜、定香、和味等。甘草能锁住香味，与其他香料搭配使用时，能够产生意想不到的效果。

官桂

官桂（出自《本草图经》）又名肉桂、菌桂（《本经》）、筒桂（《唐本草》）、桂尔通、桂通、条桂。樟科樟属常绿乔木。分布于福建、台湾、海南、广东、广西、云南等地的热带及亚热带地区。

肉桂芳香，可作香料，味甜而辣，也是一种中药材，《本经》记载，肉桂主上气咳逆，有镇静镇痛、补火壮阳、活血通经的功效。

【炮制方法】

（1）拣净杂质，刮去粗皮，用时打碎。

（2）刮去粗皮，用温开水浸润片刻，切片，晾干。

（3）捣碎，磨粉，成品称肉桂粉。

广排草须

广排草须是指两广地区产地的香排草须，又名排香、排香草、香草、排草、毛柄珍珠菜、合血草、满山香。主治感冒、咳嗽、风湿痹痛、脘腹胀痛、疔疮、蛇咬伤等病症。排草的根部芳香、味淡、性温，具有润肠通便、解热镇痛、调经等功效。详见"排草"。

干木香花

干木香花是木香花蔷薇科，我国各地均有栽培。其富含芳香油，可供配制香精化妆品用，是著名的观赏植物，适合做绿篱和棚架。根和叶入药，有收敛、止痢、止血作用。

木香花入合香的功效与作用主要体现在其独特的芳香气味和药用价值上。合香通过科学配伍多种香药，木香花作为其中之一，其香气能够渗透肌肤、刺激呼吸中枢，促进氧气吸入，使思维清晰。同时，合香中的木香花还有助于加速新陈代谢，增强人体免疫力，对改善健康状况具有积极作用。

橄榄油

橄榄油由新鲜的油橄榄果实直接冷榨而成，不经加热和化学处理，保留了天然营养成分。颜色呈黄绿色，气味清香。由于橄榄油营养成分丰富、医疗保健功能突出，而被公认为绿色保健食用油，素有"液体黄金"的美誉。常被用于延缓衰老、改善消化功效。

甘蔗渣

人们通常咀嚼吸吮到甘蔗汁后，甘蔗渣就作为餐余垃圾丢掉了，殊不知甘蔗渣还有入香的妙用。

甘蔗中含有大量的维生素以及粗纤维等多种人体需要的营养物质，晒干入香后会有甜美的果香味，具有温暖的甜香并有美容养颜、调理脾胃的功效，它带有焦糖和食物的属性，由嗅觉感触到，传达给大脑的是甜蜜和幸福满足的感觉。

甘蔗渣洗净晾干后，可用破壁机打粉备用，其比例用量以实际情况酌情配伍。

H

藿香

藿香又有名兜娄香、合香、苍告、山茴香等，是唇形目、唇形科藿香属植物广藿香的地上部分。茎直立，四棱形，叶心状卵形至长圆状披针形，花冠淡紫蓝色，属多年生草本植物。

【性味归经】

藿香味辛、性温，归脾经、胃经、肺经。典籍记载藿香芳香化浊，发表解暑，缓解呕吐。

【典籍记载参考】

《药性赋》：味甘，气温，无毒。可升可降，阳也。其用有二：开胃口能进食，止霍乱除呕逆。

《本草蒙筌》：味辛、甘，气微温。味薄气厚，可升可降，阳也。无毒。专治脾肺二经。加乌药顺气散中，奏功于肺；加黄芪四君子汤内，取效在脾。入伤寒方，名正气散。

《景岳全书》：味辛微甘，气温。气味俱薄，阳也，可升可降。此物香甜不峻，善快脾顺气，开胃口，宽胸膈，进饮食，止霍乱呕吐，理肺化滞。

红桧

红桧又称松梧、松萝、薄皮、水古杉，是柏科扁柏属大乔木，已濒临绝种。红桧是中国台湾的特有树种，产于海拔1050~2000米、气候温和湿润、雨量丰沛、酸性黄壤地带，为喜光树种。

红桧材质优良，木材耐腐朽，木质中还含有一种香精油，香气经久弥远，散发着浪漫迷人的芳香，富含芬陀净，百年不变。其香味能让人的心灵平静下来，感觉像在山间漫步，享受大自然的洗礼。

黄桧

黄桧即黄柏皮，为芸香科植物黄皮树或黄檗的干燥树皮，前者习称"川黄柏"，后者习称"关黄柏"。剥取树皮后，除去粗皮，晒干，即可使用。

黄柏皮味苦，性寒，归肾、膀胱经，因此典籍记载常用于清热燥湿、泻火除蒸、解毒疗疮等。

红花

红花别名红蓝花、草红花、刺红花，为菊科植物红花的干燥花。夏季花由黄变红时采摘，阴干或晒干。中国各地广有栽培。

红花辛、温，归于心、肝二经。红花可以活血通经、散瘀止痛，因此是跌打损伤、疮疡肿痛的主要药物。《本经逢原》有记载：血生于心包，藏于肝，属于冲任，红花汁与之同类。

【炮制种类及方法】

红花：取原药材，除去杂质、花萼及花柄，筛去灰屑。

炒红花：取净红花置锅内，用文火炒至略有焦斑时，取出放凉。

红花炭：取净红花置于锅内，用武火炒至红褐色，喷淋清水少许，灭尽火星，取出凉透。

醋红花：取净红花，加醋喷匀，文火炒至焦红色时，取出放凉。

茴香

茴香别名小茴香（《千金方》）、土茴香（《本草图经》）、野茴香

（《履岋岩本草》）、茴香子（《开宝本草》）、大茴香（《朱氏集验方》）等。古罗马人称茴香为"小茴香"，意思是"芳香的干草"。

茴香原产于地中海地区，在魏晋南北朝时期传入中国，现在中国各地区都有栽培。茴香在欧洲、美洲和亚洲西部也有分布。

茴香为双子叶植物伞形科植物茴香的果实。9—10 月果实成熟时，割取全株，晒干后，打下果实，去净杂质，晒干。茴香花粉（其实是整朵花）可以作为香料使用，是茴香中气味最浓郁的部分，也是价值最高的。

琥珀粉

琥珀粉是琥珀研磨成的粉末。琥珀是距今 9900 万—4500 万年前的松柏科植物的树脂滴落，掩埋在地下千万年，在压力和热力的作用下石化形成，故又被称为"松脂化石"，主要含树脂、挥发油。琥珀味甘、平、无毒，琥珀粉可镇静安神、活血散瘀、利尿通淋。

惠安沉香

惠安，沉香的交易地点。惠安与新洲并非沉香产地，而是自古逐渐形成的固定的沉香交易地点，这一点很重要，有很多初入门的香友，往往以为惠安是香产地，这是个误区。

惠安为越南的港口城市，聚集在这里销售的沉香主要产自越南、柬埔寨、老挝、缅甸、中国海南等地，基本相当于宋代文献中所说的"上岸香"地区（以真腊、占城为上岸，其中占城为现在的越南，真腊即现在的柬埔寨）。传统上，惠安沉香主要销往中国、日本等地区。"新洲沉"则是在新加坡集散的沉香旧称，它主要产自印度尼西亚、马来西亚以及周边地区，属鹰木香种体系，新洲沉多销往阿拉伯地区。

惠安沉香的特点：

1. 香气

惠安沉香的香气属于较为清淡的类型，但有时候惠安沉香的香气具有"双重性"，即甜味和凉味并存，细闻之下惠安沉香能给予人清甜之感，有点儿类似花果香味。

2. 氧化

惠安沉香裸露在外的部分会发生较为严重的氧化反应，虽然在刚开始时闻不出什么味道，但时间长了表面就会产生一层黑乎乎的氧化层，想要闻香须去除表面氧化层。

3. 色泽

惠安沉香具有红皮黑肉的特点，若是经过盘玩，惠安沉香表面会产生一层红润细腻的包浆，看起来莹润剔透，并且惠安沉香在盘玩时，色泽会随之变深。

黄芪

黄芪别名绵黄芪。黄芪气微温，入足少阳胆经、手少阳三焦经；味甘无毒，入足太阴脾经。其种类及特征如下：

蒙古黄芪：多年生草本，生于山坡、沟旁或疏林下，分布于河北、山西、内蒙古、东三省、西藏、新疆等地。

膜荚黄芪：本种形态和上种极相似，生于向阳山坡或灌丛边缘，或见于河边砂质地，分布于北京、天津、河北、山西、内蒙古、东三省、山东、四川、西藏、陕西、甘肃、青海、宁夏等地。

【典籍记载参考】

《神农本草经》：味甘，微温。

《本草经集注》陶弘景：味甘，微温，无毒。

《雷公炮制药性解》李中梓：味甘，性微温，无毒，入肺、脾二经。

J

降真香

降真香别名降香、紫藤香、降真、花梨母，是传说中海南的神木之一，在道家香文化中被认为是"圣物"。宋代药学家唐慎微的《证类本草》中记载："降真香，出黔南。伴和诸杂香，烧烟直上天，召鹤得盘旋于上。"道家认为降真香是祭祀天帝的灵香，烧烟直达天上，可招仙鹤降临。

降真香是豆科蝶形花科的木质藤本植物，生长于热带雨林之中。其结香原理同沉香一样，都是因为受到雷击、虫蚀、刀砍等外界刺激，受伤后分泌一种物质，历经多年而成。

降真香的心材颜色较深，呈红褐色，边材颜色较浅偏淡黄，内外颜色层次明显而肌理细腻，并有深褐色美丽的漪涟状斑纹。降真香极易中空，所结的香像鸡的骨头一样，所以降真香也被称为鸡骨香、紫藤香。历史上降真香产于两广、海南和南洋诸国。元朝周达观在《真腊风土记》中曾有对产于今柬埔寨的降真香记载："降真生丛林中，番人颇费砍斫之劳，盖此乃树之心耳。其外白，木可厚八九寸，小者也不下四五寸。降真香喜潮湿，攀附于岩石树木生长。当受到外力的创伤，藤体会分泌藤胶，在真菌的作用下逐渐形成降真香，通常一块自然成香的降真香要50年以上。明朝时期，由于宫廷的大量使用和达官贵人的奢侈消耗，国内的降真香消耗殆尽，不得不从南洋诸国大量引进。明代黄省曾所著《西洋朝贡典录校注》中记述的二十三个南洋诸国进贡的贡品中，几乎全部涉及降真香。

降真香，藤本结香，亦香亦药，是植物、动物、微生物共同作用的结晶。降真香的最早文字记载于西晋植物学家、文学家嵇含的《南方草木》。其神圣的宗教用途和养生功能，备受王宫贵族及道教佛教推崇，其神奇的药用及香用价值，被众多古籍药典及香谱名著记录，文人墨客对降真香情有独钟，纷纷题诗传颂。降真香具有丰厚的文化底蕴，是穿越华夏两千年香史的瑰宝。降真香有以下八个亮点。

1. 帝王之香

唐代盛行香文化，降真香备受推崇，出现了许多有关降真香的诗词和典故。女皇武则天非常注重养生，常年焚熏降真香，有诗云："红露想倾延命酒，素烟思爇降真香。五千言外无文字，更有何词赠武皇。"

降真香作为历代朝廷贡品，一直深受王宫贵族喜爱。相传清光绪年间，太医曾以奇楠香、牛黄、降真香、乳香、苏合油等22种中草药组药，治疗慈禧的面部神经疾病；又首选大剂量的降真香，配以没药、麝香、琥珀、安息香等，治疗光绪帝的心胃顽疾。

2. 宗教用香

降真香比起其他香料味道来说更为清淡，然而灵动飘逸的味道，却极富变化，忽而花香、忽而蜜香、忽而果香。

如果说沉香的馥郁博雅是释家佛意的诠释，那么降真香的淡泊清丽正是道家返朴修身的形意相合。道教用之醮星辰，皇宫用之祀天地，文人熏之修己身。

降真香乃古代道教祭祀头香，头香乃尊，方可祭天。不论帝王祭祀还是民间祈福都首选降真香。《仙传》云：烧之，或引鹤降。醮星辰，烧此香甚为第一。度箓烧之，功力极验。降真香香气纯正，可镇心凝神，备受历代文人推崇。

3. 中药至宝

降真香的药用价值极高，目前已查明二十余部著名古籍药典中记载了降真香的药用价值。

《顾松园医镜》：降气最效，行瘀如神，肝伤吐血宜求，刀伤出血必用。

《本草纲目》：疗折伤金疮，止血定痛，消肿生肌。

《海药本草》：温平，无毒。主天行时气。

《本草经解》：入足厥阴肝经、手太阴肺经。

《玉楸药解》：疗梃刃损伤，治痈疽肿痛。

《本草再新》：治一切表邪，宣五脏郁气，利三焦血热，止吐，和脾。

降真香味辛，可散可行，现代常用于化瘀、止痛、止血、改善微循环、行气和胃等。

4. 诸香之首

降真香香材，膏液内足，油满香浓。其极品胜似奇楠，入口麻，继而甘苦生津，辛辣凉甜俱现，满口生香。降真香的香味非常丰富，有蜜香、花香、果香、椰奶香、薄荷香，有的一木五香，如兰似麝。生闻或隔火空熏时，奇香四溢，浓郁香气沁人心脾，精神即刻愉悦，心旷神怡的感觉油然而生。

常品降真香可安神、去浊、净化心灵，修身养性。降真香是药与香的完美结合体，古人发现降真香拌和诸香，至真至美，誉为众香之首。焚之可辟秽去疾，安神去浊，辟天行时气，被称为天香或神香。古代各种著名香谱都记载了大量的降真香香方，宋代郑刚中描述："熏透紫玉髓，换骨如有神。矫揉迷自然，但怪汲黯醇。铜炉即消歇，花气亦逡巡。馀馨触鼻观，到底贞性存。"

5. 修身必用

唐代文人雅士注重追求精神生活，日常生活中常用降真香以修身养性，使自己的心灵早日达到超越自我的境界。白居易诗云："尽日窗前更无事，唯烧一炷降真香。"宋代郑刚中诗《书室中焚法煮降真香》云："终朝静坐无相过，慢火熏香到日斜。"张籍诗云："醉倚斑藤杖，闲眠瘿木床。案头行气诀，炉里降真香。"薛逢诗云："殿前松柏晦苍苍，杏绕仙坛水绕廊。垂露额题精思院，博山炉袅降真香。"

6. 驱疫避秽

古人认为降真香能护平安，驱疫辟秽。据查，《海药本草》等九部古籍资料记载了降真香主天行时气，宅舍怪异，并烧悉验。《崖州志》中记载："治蛇咬，疗痧症，土人制为手环，时珍带之，贾胡争相购买。海南黎人若中兽毒，研末敷之即消，土人以之作手钏，入山下田均戴之。"古时在江浙一带，富有的家庭都买降真香，焚以避邪，并截一块，放入家里的水缸中，既可杀菌消毒又可强身健体，食用其水可防瘟疫，称为缸香。

7. 稀缺资源

古时曾有丨亩地换一根顶极降真香的传说，虽然降真香在以前为朝廷专用，民间私伐则立斩，但还是消耗至晚清时期就几近绝迹，断代百年。其原因主要有：①降真香结香条件苛刻，既要在特定的纬度及环境下，又须等藤龄生长到五十年以上，才有可能会结香，而且其中百分之八十的藤永远不会结香，从开始结香再到结香成熟，需要五十年以上的时间，若要得到土埋还须再等百年，所以至今无法人工培育。②降真香不但在香用及祭祀上耗量很多。而且在古代兵荒马乱时，降真香是战备物资，被称为行军散。军士李高其金创之效无比神奇。《本草从新》记载："周崇被海寇刃伤，血流不止，用紫金藤散敷之，血止痛定，明日结痂无瘢，会救万人。"这里，紫金藤是降真香在古代缺医少药却战争不断的情况下，降真香用作行军散耗量巨大。③古代海上丝绸之路上，降真香在香料交易中占举足轻重的地位，被大量进口，但因历朝历代过度消耗，所以留以传世的降真香文物极其稀少。如今日本川崎博物馆有几小块，被当作国宝供奉着。中国故宫博物院也珍藏着几块降真香古物件，想看一眼都不容易。

8. 潜力巨大

2012 年，降真香被海南香友发现并推广，短短几年，降真香名声大振，同时也得到了各级领导的重视与支持，全国十多家降真香协会成立。多处国家级科研机构已经展开对降真香的全面研究，并已经取得一些研究成果。通过对降真香富含的挥发油成分、黄酮类化合物、鞣质及有机酸成分的系统研究及临床试验，验证了降真香具有非常好的消除自由基、抗氧化、调节血脂、抗菌、消炎、止血定痛、抗病毒、调节免疫及抗衰老的作用。

总结以上发现，降真香具有非常突出的文化价值、工艺价值、香用价值、药用价值等四大价值，文玩中只有沉香有此共性，但降真香更接地气。

鉴临

（奇楠沉香）参阅"沉香"。

甲香

甲香为海螺介壳口圆片状的盖。可入药，也可作合香原料。《新唐书·地理志七》记载："广州南海郡，中都督府。土贡：银、藤簟、竹席、荔皮……沉香、甲香、詹糖香。"《唐本草》记载其"味咸，平，无毒"。

【炮制方法】

《雷公炮炙论》：凡使（甲香）须用生茅香、皂角二味煮半日，却，漉出，于石臼中捣，用马尾筛筛过用之。

《经验方》：甲香修制法，不限多少，先用黄土泥水煮一日，以温水浴过，次用米泔或灰汁煮一日，依前浴过后用蜜酒煮一日，又浴过，煿干任用。

金颜香

参阅"安息香"。

鸡舌香

参阅"丁香"

L

龙脑香

龙脑香（《新修本草》）又名脑子《海上名方》、梅花片脑（《夷坚志》)、冰片脑（《纲目》)、梅片、梅冰等。

龙脑味辛苦，性微寒，归心经、脾经、肺经。

龙脑属"芳香开窍"类香，香气清凉、开窍醒神、清热止痛。

佛经《金光明经》中龙脑名羯婆罗香膏、婆律香。《大唐西域记》记载："西方秣罗矩吒国，在南印度境有羯婆罗香树，松身异叶花果斯别，初采既湿，尚有香木，干之后循理而析，其中有香状如云母，色如冰雪，此所谓龙脑香也。"香料的本体，长得像松树的枝干，但是除了枝干，其叶、花、果实却与松树不同。初采的时候还有木质含其中。等干了后，循木的条理打开，间隙有像云母一样的，如冰雪一般的片状，便是龙脑香了。

《香谱》记载"龙脑香乃深山穷谷中……其土人解为板，板傍裂缝，脑出缝中。劈而取之，大者成片，俗谓之梅花脑；其次谓之速脑，速脑之中又有金脚，其碎者谓之米脑；锯下杉屑与碎脑相杂者谓之苍脑，取脑已净，其杉板谓之脑本，与锯屑同捣碎，和置瓷盆中，以笠覆之，封其缝，热灰煨焙，其气飞上，凝结而成块，谓之熟脑。可作面花、耳环、佩戴等用。又有一种如油者，谓之油脑，其气劲于脑可浸诸香"。李清照的诗词《醉花阴·薄雾浓云愁永昼》云："薄雾浓云愁永昼，瑞脑销金兽。佳节又重阳，玉枕纱橱，半夜凉初透。东篱把酒黄昏后，有暗香盈袖。莫道不销魂，帘卷西风，人比黄花瘦。"

在诗词里，"瑞脑销金兽"中的"瑞脑"指的就是龙脑香。

无论是东方还是西方，龙脑历来都被视为珍品。龙脑早在西汉时就已传入中国，唐宋时期，出产龙脑的波斯、大食国将龙脑作为"国礼"送给中国的皇帝。

龙脑也是密宗五大名香之一，与沉香、檀香、丁香、郁金香并列，广泛用于合香及佛事用香。

零陵香

零陵香别名薰草、燕草、蕙草、香草、铃子香、黄零草、陵草，在中医界更多被称为"灵香草",分布在我国的广西、广东、云南地区。其喜阴凉、潮湿的环境,在相对湿度为60%～80%的阔叶林下生长良好,适宜生长温度为5～30℃,要求土质松厚、灰黑色或棕黑色。全草含类似香豆素的芳香油,可提炼香精,用作烟草及香脂等香料,是名贵的芳香植物。

【性味归经】

零陵香味辛、甘,性温;入肺、脾、胃三经,无毒。零陵香生长在零陵地区的山谷之中,气味如藤芜一样芬芳,因其入肺经,故古人常用于调理风寒、感冒头痛、胸腹胀满、鼻塞、牙痛等症状。

梨皮

梨皮为蔷薇科植物白梨、沙梨、秋子梨等的果皮,味甘涩,性凉,无毒,归肺、心、肾、大肠经,可清心润肺、降火生津。

梨皮入香须洗干净晾晒后冷磨成粉备用。

龙涎香

龙涎香分布于太平洋、南太平洋群岛附近,在西方又被称为灰琥珀,主要是一种外貌阴灰或是黑色固体蜡状物的燃烧物质,是抹香鲸的肠内异物,如乌贼口器和其他食物残渣等刺激肠道而形成的分泌物,十分罕见。

然而并非抹香鲸所有的呕吐物都能制成龙涎香,刚吐出的龙涎香黑而软,气味难闻,经阳光、空气和海水长年洗涤后会变硬、褪色并散发香气,未燃烧时没有特别的香气,但燃烧后香气四溢,类似麝香味,但更为幽雅清香,香气经久不散。

龙涎香是香料中的极品,主要用来当作香水的定香剂。也是佛教供养仪式中经常出现的熏香供养品。

《本草纲目》中记载龙涎香:"活血、益精髓、助阳道、通利血脉。"

连翘

连翘别名黄花杆、黄寿丹,是双子叶植物纲、捩花目、木犀科、落叶灌木。连翘花开香气淡雅，满枝金黄，艳丽可爱，是早春优良观花灌木。

【性味归经】

连翘味苦，性凉；入心、肝、胆经。

连翘入香后具有多种功效与作用，主要包括清热解毒、抗菌抗病毒、保护肝脏、清肝明目、改善湿热等。连翘能够解表退热，增强人体抵抗力，对于感冒发热、咽喉肿痛等症状有很好的缓解作用。连翘还具有抗菌抗病毒的作用，能够预防病毒性感冒等疾病。连翘还可以保护肝脏、修复受损肝细胞，对肝炎、肝硬化等疾病有辅助治疗作用。连翘入香后，其香气能够舒缓神经，缓解焦虑、失眠等问题。

荔枝核

荔枝核别名荔仁、枝核、大荔核，为无患子科植物荔枝的干燥成熟种子。夏季采摘成熟果实，除去果壳和肉质假种皮，洗净，晒干、炮制。

荔枝核味辛、微苦，性温，归肝、肺经，因此古方中常记载其功用为行气散结、散寒止痛。

【炮制方法】

（1）荔枝核用时捣碎。

（2）盐荔枝核，取净荔枝核，捣碎，依盐炙法（将净选或切制后的药物，加入一定量食盐的水溶液拌炒的方法称为盐炙法）炒干。

荔枝皮

荔枝壳是一种中药材，具有止血、除湿止痢等多种功效。

荔枝去肉去核只取其壳洗净晾干，冷磨成粉可入香，荔枝皮入香后具有解秽、辟寒的功效。荔枝气味纯阳，其性微热，能驱散闷热潮湿的暑气。

炼蜜

炼蜜即熬炼蜂蜜。宋代苏辙曾有诗《和子瞻蜜酒歌》云："哺糟不听渔父言，炼蜜深愧仙人传。"

制作中药、合香蜜丸所用的蜂蜜须经炼制后方能使用，其目的是除去其中的杂质，蒸发部分水分，破坏酵素，杀死微生物，增强黏合力。

【制作方法】

炼蜜前应选取无浮沫、无死蜂等杂质的优质蜂蜜，若蜂蜜中含有这类杂质，就须将蜂蜜置锅内，加少量清水（蜜水总量不超过锅的 1/3，以防加热时外溢）加热煮沸，再用 4 号筛过滤，除去浮沫、死蜂等杂质，然后再入锅内加热，炼至需要的程度即可。优质蜂蜜无须过滤这一环节。

炼蜜程度分嫩、中、老三种。这三种程度的确定，过去老一辈的中医是采取眼观、手捻、冷水测试等"看火色"的方法，没有多次的实践是难以掌握准确的，如今用检测炼蜜温度的方法就容易了。

嫩蜜：系指蜂蜜加热至 105~115℃ 而得的制品。嫩蜜含水量在 20% 以上，色泽无明显变化，稍有黏性。适用于黏性较强的药物制丸。

中蜜：系指蜂蜜加热至 116~118℃，满锅内出现均匀淡黄色细气泡的制品。炼蜜含水量为 10%~13%，用手指捻之多有黏性，但两手指分开时无长白丝出现。中蜜适用于黏性适中的药物制丸。

老蜜：系指蜂蜜加热至 119~122℃，出现有较大的红棕色气泡时的制品。老蜜含水量仅为 4% 以下，黏性强，两手指捻之出现白丝，滴入冷水中成边缘清楚的团状，多用于黏性差的矿物或纤维较重的药物制丸。

《本草纲目》中记载的炼蜜方法，总结成现代的方法，是 500 克蜂蜜加 125 克水，用火熬到只有 390 克为最好。

一般合香所用为老蜜，若前期没有称量重量。可以滴蜂蜜入水中，蜂蜜混凝成滴且不散开即可。

古书中曾记载可以在炼蜜中加入部分苏合油，增加香气去除蜜意。蜜：苏合油比例为 8∶1。一般来说炼蜜现炼现用比较好，但是为了省事往往一次炼蜜量较大。可以将炼好的蜜放入瓷器密封后存放于冰箱，下次再用时取出蜜加热使用，方便合香。合香过程中加入炼蜜时不要一次全部加入，也不可加入过多，否则蜜意太强。蜜丸制成后可以裹一层香粉或者干花花瓣在外层，防黏。合好的蜜丸要放在阴凉的地方进行窖藏，切勿暴晒。一般来说，香粉和炼蜜用量为 1∶1。

良姜

良姜,同"瑶池清味香"中"高良姜",是姜科山姜属植物,根茎供药用。良姜性热,入脾、胃经,可温中补虚、健脾燥湿。

良姜为姜科植物的干燥根茎,夏末秋初采挖,除去须根及残留的鳞片,洗净、切段、晒干。良姜可入药,还可以作为调味剂使用与烹饪。该植物主要分布于广东和广西,通常生长于荒坡、灌木丛或疏林之中。

罗汉香

罗汉香其实就是软柏木,其别名特别多,如大苦木、假吴黄、鱼胆木、假茶辣、鱼苦胆、山黄皮、石岩青、亚罗青、野胡椒、抱鸡婆、老鸦树、白酒药、野白蜡、野茶辣等,因为现代人很少用到这味香材,故看到这个配方都很陌生。《中华本草》记录软柏木,性微温,味辛、苦,有清热解毒、祛风化湿、行气止痛等功效。

楝花

楝花是楝或川楝的花,性寒,味苦,归肝经,有以下功效:

(1)楝花香有较强的驱蚊和防虫作用,能有效减少蚊虫叮咬,降低疾病传播风险。

(2)楝花香中含有抗菌和消炎成分,其富含的苦楝素对某些细菌和炎症有抑制作用。

(3)楝花香具有镇静和放松效果,有助于缓解焦虑、压力和紧张情绪,提高睡眠质量。

M

木香

木香，除了广（西）木香，还有云（南）木香、（四）川木香等。只是产地不同，它们都来源于菊科植物木香干燥而成的根，所以在性能和功效上区别并不明显，各种木香的治疗功效差不多。

木香能够疏通全身气机，帮助缓解由于肝胆气滞引起的胁痛，起到理气疏肝的作用；对于肝炎等肝脏疾病也有一定的治疗作用。木香的止痛作用明显，且药性较为温和，可以减轻消化道炎症、消化道溃疡等引起的疼痛；木香还可以调理胃肠滞气，对于脾胃不调引起的呕吐、腹痛、腹泻等症状起到缓解作用。将木香与补益类药物配伍能起到补而不滞的效果，可以预防消化不良、食欲不振等病症。除此之外，泡脚时在水中加入木香，能够有效改善脚气症状。

木粉

制香用木粉，一般采用杨木粉，目数一般会用 100 目左右，因为粗细会影响制香的成型，杨木粉没有杂味，对其他香材的味道影响较小，在君臣佐使的配伍中起到很好的协调作用。木粉有燃点低、易点着的特点，密度相对较小，作为助燃剂在制香配伍中做出的香比较轻，添加木粉后燃烧速度可以加快并且温度低，不易产生焦煳味。

茅香

茅香因其有柠檬味，又称柠檬香茅。禾本科多年生草本植物，具有观赏价值和香化家居作用。很多人初学香会把香材中的茅香与香茅给混淆或者通用，在《中国植物志》中有关于茅香的记录是，茅香属于被子植物门、单子叶植物纲、禾本目、禾本科、早熟禾亚科、藕草族、茅香属；香茅则是一个属的名称，又叫柠檬草，属于被子植物门、单子叶植物纲、禾本目、禾本科、黍亚科、高粱族、须芒草亚族、香茅属、柠檬草组，由此可见它们根本就不是同一族的，当然不可能是同一种的植物！

茅香之所以被称为柠檬草，是因其带有淡淡的柠檬香气。生活中接触的机会比较多，主要是其在香水、精油中的使用较为广泛，用来除臭或进行芳香疗法。在一部分食物的料理中也会添加柠檬草。除了以上说的功效以外，在古时候香道中茅香常用于和香，许多香道大家关于茅香的香方层出不穷。

牡丹皮

牡丹皮又称丹皮、粉丹皮、木芍药、条丹皮、洛阳花等，为毛茛科植物牡丹干燥根皮。牡丹皮多产于安徽亳州、四川、河南、山东等地。呈筒状或半筒状，有纵剖开的裂缝，略向内卷曲或张开，长 5~20 厘米，直径 0.5~1.2 厘米，厚 0.1~0.4 厘米。其外表灰褐色或黄褐色，有多数横长皮孔及细根痕。其内表面为淡灰黄色或浅棕色，有明显的细纵纹，常见发亮的结晶。质硬而脆，易折断，断面较平坦，淡粉红色，气芳香，味微苦而涩。

榠樝核

榠樝核，在手抄本《香乘》中榠樝应为"榠 Míng Zhā 樝"。榠樝别名很多：木李（《诗经》），蛮樝、瘙樝（《本草拾遗》），木梨（《埤雅》），海棠（《广州植物志》），土木瓜（《药材资料汇编》）。

其功能在很多古籍中都有记载：

①《本草经集注》：祛痰。

②《本草拾遗》：去恶心，止心中酸水，水痢。

③《日华子本草》：消痰，解酒毒及治咽酸；煨食止痢。

④《日用本草》：治霍乱转筋。

⑤《中国药植图鉴》：治肺炎、黏膜炎、支气管炎、瘰疬、腺病及咳嗽等。

N

楠木粉

楠木粉也叫胶木粉，有清香味，黏附性比较强。楠木粉是古法合香中三大天然黏合剂之一，另两种为榆树皮粉、香叶粉。楠木为中国和南亚特有，是驰名中外的珍贵用材树种，在我国贵州、四川、重庆、湖北等地区有天然分布，是组成常绿阔叶林的主要树种。由于历代砍伐利用，致使这一丰富的森林资源近于枯竭。现存的楠木多为人工栽培的半自然林和风景保护林，在庙宇、村舍、公园、庭院等处尚有少量的大树，但病虫危害较严重，也相继在衰亡。

总有人问，楠木粉的清香味会不会影响制香时候香料的味道？这是一个鱼与熊掌不可兼得的问题。楠木粉作为一味单方香进入配伍中，其目的是帮助成型，要想做成绝细线香，不用黏粉是无法成型的。楠木粉的加入对于原方香的原纯度肯定有影响，但是通过一段时间的窖藏退黏，楠木粉的香气会与原配伍融合。另外，楠木粉自身也有独有的香气和药效。

【性味归经】

楠木粉味辛，性温；入肺经。

【典籍记载参考】

《本草拾遗》：枝叶，味苦，温，无毒。

《日华子本草》：味辛，热，微毒。

《本草纲目拾遗》：本植物的树皮（楠木皮）亦供药用、香用，另详专条。全年可采。

P

佩兰

佩兰为菊科植物佩兰的干燥地上部分，栽培或野生，主产于中国江苏、浙江、河北、山东等地。原植物生于路旁灌丛或溪边，喜温暖湿润气候、耐寒、怕旱、怕涝，对土壤要求不严，疏松肥沃、排水良好的砂质壤土最宜其生长。

佩兰味辛，性平，入脾胃二经，可醒脾开胃。且因其气味芳香，味辛，辛能发散，香能去秽，因此有化湿解暑之功效。而佩兰性平，则其芳香走气道，血生于气，所以可调气生血。

【典籍记载参考】

《神农本草经》中载："兰草，辛，平，利水道，杀蛊毒，不祥，服益气，神明，名水香。"表明了佩兰具有杀虫灭虱的作用。

用佩兰沐浴可以预防疫病，保持健康。以兰汤沐浴最早见于屈原的《九歌》，其云："浴兰汤兮沐芳。""浴兰汤"即用佩兰作香汤来沐浴。

宋代的《大观本草》载："今处处有，生下湿地。时微香，可煎油。或生泽傍，故名泽兰，都梁香，作浴汤……俗名兰者，煮以洗浴，亦生泽畔。"表明佩兰可入药浴，用佩兰入药浴可以起到祛风散寒的作用。

佩兰还可用来护发。《本草纲目》引《唐瑶经验方》言："江南人家种之，夏月采置发中，令头不腻，故名省头草。"用佩兰煎汤洗发，可使头发顺滑，头皮清爽。

朴硝

朴硝又名朴消，中药名。分布于我国的内蒙古、河北、天津、山西、陕西、青海、新疆、山东、江苏、安徽、河南、湖北、福建、四川、贵州、云南等地。

朴硝属于中药里的泻药，是芒硝的粗制品，芒硝是硫酸盐类矿物芒硝族芒硝通过加工而成的结晶体。朴硝和芒硝不是同一物质，芒硝是朴硝的精品，可以代替朴硝，朴硝粗糙一点，取天然产的芒硝，用热水溶解后过滤，放冷析出的结晶就是朴硝。

朴硝味咸、苦，性寒。芒硝无臭，味道微苦。两者都可以泻热通便、清火消肿，用于缓解便秘、大便干结、腹痛、痔疮；也可与驱虫剂、活性炭一起使用，用于治疗食物或药物中毒，外用可以达到热敷、消炎去肿的效果。

朴硝入合香可以使香气更具韵味、烟气不散，同时能使香品阴阳和合，降低某些香料的燥气。

排草

排草又名排香草，是唇形科鞘蕊花属植物。一年生草本。茎直立，高可达 60 厘米，粗壮，具分枝。排草 3 月开花。排香在印度、斯里兰卡、缅甸均有分布；中国广州及南宁也有栽培。排草喜温暖、湿润、静风及土壤疏松肥沃的环境。排草的根茎可入药，治水肿、浮肿病。

排草在合香中主要作为香料使用，具有浓郁的香气，能够提升合香的韵味和品质。在中药中，排草具有祛风除湿、止咳平喘、理气止痛的功效，主要用于治疗感冒、咳嗽、哮喘、风湿关节痛等疾病。将排草加入合香中，可以发挥其香气和药效，起到芳香开窍、祛风除湿、止咳平喘的作用。

Q

七里香

七里香别名台湾海桐花、千里香、万里香、九秋香、九树香、满山香、月橘、过山香等，为芸香科九里香属小乔木植物。开白色花，散发浓烈的芳香气味，远距离即可嗅到其香气，故名七里香。其产于中国广西、广东、福建、台湾、海南及云贵地区，生于低丘陵或高海拔的山地疏林或密林中，石灰岩地区较常见，花岗岩地区也有出现，有时为小面积范围内的单优种。

七里香是马钱科植物醉鱼草的根，其味辛、苦，性温，有小毒，归肝经，常用于活血化瘀、消积解毒。

【典籍记载参考】

《修订增补天宝本草》：味酸辛。

《台湾药用植物志》：根，煎服治跌打扑伤，解渴。叶，煎服可止痢。

蚯蚓粪

蚯蚓也叫地龙，是地球的原住民，在人类诞生之前，已经在地下默默耕耘了数亿年。现在人们一般用它作钓鱼的鱼饵，把它的粪便当作花肥，而它的药用价值和香理作用早在几百年前，古人就开发利用了。

蚯蚓粪中富含细菌、放线菌和真菌，这些微生物不仅使复杂物质转化为植物易吸收的有效物质，而且还合成一系列有生物活性的物质，如糖、氨基酸、维生素等，这些物质的产生使蚯蚓粪具有许多特殊性质。在合香香方中，"卷灰寿带香"是一种"绝细"的线香，到底有多细历史没有详细记载，但在香方中提到了这种奇特的香材——蚯蚓粪，其主要目的是让香灰卷曲不断，这一现象与蚯蚓粪含有高度活性的细菌和酶、植物残余物有关。

蔷薇水

蔷薇水是古代香水名。蔷薇水与琉璃瓶，同时出现在五代。《册府元龟》卷九七二记载：周世宗显德五年九月，"占城国王释利因德漫遣其臣萧诃散等来贡方物，中有洒衣蔷薇水一十五琉璃瓶，言出自西域，凡鲜华之衣以此水洒之，则不黦而复郁烈之香连岁不歇"。两宋时期的文献与诗歌作品中，蔷薇水与琉璃瓶均屡见不鲜。《宋会要辑稿·蕃夷》与《宋史·外国传》之中多有蔷薇水入贡的记载，《宋会要辑稿·蕃夷》所录来自三佛齐，三佛齐国位于苏门答腊岛，当时它的物产多来自大食；《宋史·外国传》则有大食以蔷薇水贡献宋廷的记录，原本用作盛放蔷薇水的伊斯兰玻璃瓶发现于辽宋遗址，与文献的记载相符合。

宋代蔡绦的《铁围山丛谈》卷五记载："旧说蔷薇水乃外国采蔷薇花上露水，殆不然，实用白金为甑，采蔷薇花蒸气成水，则屡采屡蒸，积而为香，此所以不败，但异域蔷薇花气馨烈非常，故大食国蔷薇水虽贮琉璃缶中，蜡密封其外，然香犹透彻闻数十步，洒著人衣袂，经十数日不歇也。"

释典称香水为阏伽水，"如是本尊等现前加被时，即应当稽首作礼奉阏伽水，此即香花之水（《大日经疏》十一）"，为供佛之用。供佛原为香水的一大用途，塔基中发现的蔷薇水瓶，自是奉佛之物。而蔷薇水亦为世间所爱，更是女子奁具中的尤物。张元干《浣溪沙·蔷薇水》云："月转花枝清影疏，露花浓处滴真珠。天香遗恨胃花须。沐出乌云多态度，晕成娥绿费工夫。归时分付与妆梳。"但词中未说蔷薇水置于何种器皿中。综上，蔷薇水就是现在的玫瑰香水或者玫瑰香精，蔷薇科玫瑰、月季等古法蒸馏的液体，在合香配伍中，蔷薇水起到辅料的作用。

羌活

羌活别名羌青、护羌使者、胡王使者、羌滑、退风使者、黑药，为伞形科植物羌活的干燥根，味辛、苦，有发散风寒效果，也有祛风湿、止痛之功效。

R

乳香

乳香出自《名医别录》，别名熏陆香（《别录》），马尾香、乳头香（《海药本草》），塌香（《梦溪笔谈》），西香（《衍本草义》），天泽香、摩勒香、多伽罗香、浴香（《纲目》）等，是橄榄科小乔木卡氏乳香树及其同属植物皮部渗出的树脂。乳香分为索马里乳香和埃塞俄比亚乳香，每种乳香又分为乳香珠和原乳香。

乳香呈长卵形滴乳状、类圆形颗粒或黏合成大小不等的不规则块状物，破碎面有玻璃样或蜡样光泽。其味辛、苦，性温，归心、肝、脾经，民间常用来活血止痛、消肿生肌、通经等。

【炮制方法】

醋乳香：取干净乳香，按照醋炙法（将净选或切制后的药物，加入一定量的米醋拌炒的方法称为醋炙法）炒至表面光亮（每100千克乳香用醋5千克）。

乳香入香后，其功效与作用主要包括以下几个方面：

（1）活血定痛。乳香具有活血化瘀的作用，对于胸痹心痛、胃脘疼痛、痛经闭经、产后瘀阻、风湿痹痛等病症有一定的改善效果。

（2）消肿生肌。乳香可以促进肿胀的消散，加速皮肤的愈合过程，对于跌打损伤、疮痈肿痛等症状有一定的治疗作用。

（3）提高免疫力。乳香能够提升白细胞的活性，作为一种免疫刺激剂，它有助于增强身体的免疫功能，对于预防癌症等免疫相关疾病有益。

（4）舒缓情绪。乳香具有独特的香气，这种香味能够净化心灵，安抚焦虑，帮助放松身心，在冥想和情绪调节中常作为辅助用品。

肉豆蔻

肉豆蔻又名肉果、玉果。为肉豆蔻科肉豆蔻属常绿乔木植物。小乔木；幼枝细长。肉豆蔻为热带著名的香料和药用植物，冬、春两季果实成熟时采收。

肉豆蔻是中药，肉豆蔻的果实有温中行气、润肠止泻的效果，所以肉豆蔻可用于调理胃寒和脾胃虚寒症。此外，中医也常将肉豆蔻用于口腔疾病、胃肠性疾病、皮肤疾病、肝脏疾病、精神疾病等。

【典籍记载参考】

《本草衍义》：肉豆蔻，善下气，多服则泄气，得中则和平其气。

《本草经疏》：肉豆蔻，辛味能散能消，温气能和中通畅。其气芬芳，香气先入脾，脾主消化，温和而辛香，故开胃，胃喜暖故也。

《本草正义》：肉豆蔻，除寒燥湿，解结行气，专理脾胃，颇与草果相近，则辛温之功效本同，惟涩味较甚，并能固及大肠之滑脱，四神丸中有之。

【肉豆蔻与豆蔻、草豆蔻的区别】

豆蔻对于不思饮食、湿浊中阻、胸闷不适有一定改善和调理效果；起到清热解毒，健脾开胃的功效；另外豆蔻还是一种餐饮香料里除腥味的辛香调味品。

草寇又称草豆蔻、草蔻仁、海南山姜，为豆蔻中的一员，也是多年生姜科草本植物的果实，每年8—11月成熟。果实呈不规则球形团子，外壳有些像圆形的小核桃，表面布满了深浅不一的、似龟裂般的小裂缝，晒干后呈灰棕色或者褐黄色。

草寇的种子含有挥发性油，其主要成分为桉叶素和金合欢醇，另外还有山姜素、乔松素、小豆蔻素等，草寇气味比较复杂，集香、辛辣、酸、凉香、微苦等多种味道于一身，在烹饪中具有增香脱骨、除膻味、怪味的功效，值得一提的是它的脱骨优势出类拔萃，是卤水香料中的亮点。

S

速香

速香即黄熟香。明代李时珍《本草纲目》记载："香之等凡三，曰沉，曰栈，曰黄熟是也……其黄熟香，即香之轻虚者，俗讹为速香是矣。"

黄熟香（速香）有重有轻，但并非轻就一定是黄熟香，有些轻的是白木，是没有结成香的。黄熟香必须是结过香的，久埋在土中，木质纤维烂透了，内外表里一致，留下残存香腺油脂的部分。"黄、熟"这两个字是不能省略的，或因黄而熟，或因熟而黄，是不可分开的两个字。其他皆可参考沉香即可。

苏合香

苏合香为植物苏合香树所分泌的树脂，此香出自苏合国，因产地而得名，又名帝膏（侯宁极《药谱》）、苏合油（《太平寰宇记》）、苏合香油（《局方》），原产小亚细亚南部，如土耳其、叙利亚北部地区，现中国广西等南方地区有少量引种栽培。

初夏将苏合香树树皮击伤或割破深达木内部，使香树脂渗入树皮内，于秋季剥下树皮，榨取香树脂，残渣加水煮后再压榨，榨出的香脂即为普通苏合香。将其溶解在酒精中，过滤，蒸去酒精，就成为精制苏合香。因其辛香气烈，民间常用来开窍、辟秽、止痛。又因其本性味辛温，能温通散寒，故也常用来缓解冻疮。

【典籍参考】

《唐本草》：苏合香，紫赤色，与紫真檀相似，坚实，极芬香，惟重如石，烧之灰白者好。

《梦溪笔谈》：苏合香酒，每一斗酒，以苏含香丸一两同煮。极能调五脏，祛腹中诸疾。每冒寒夙兴，则饮一杯。此方本出《广济方》，谓之白术丸，后人亦编入《千金》《外台》，治疾有殊效。今之苏合香，如坚木，赤色。又有苏合油，如粘胶，今多用此为苏合香。

【炮制方法】

（1）粗制苏合香：初夏将树皮割裂，深达木部，使其分泌香脂，浸润树皮部分。至秋季剥下树皮，榨取香脂；残渣加水煮后再榨，除去杂质和水分，即为苏合香的初制品，置阴凉处，备用。

（2）精制苏合香：将粗制苏合香溶解于乙醇中，过滤，蒸去乙醇，则制成精制苏合香，宜装于铁筒中，并灌入清水浸泡，置阴凉处，以防止香气走失。

麝香

麝香为鹿科动物林麝、马麝或原麝成熟雄体香囊中的干燥分泌物。麝是一种小型粗腿的鹿类动物，像鹿却不是鹿。在古代，麝在中国分布极广，多见于山区或丘陵地，从广西、云南、四川到西藏、新疆、内蒙古、东北等地的山区都有可以见到此种动物的踪迹，以西藏和四川地区数量最多。公麝发情时，腹部肚脐下方有一个会分泌香素的香囊，麝香香囊干燥后割开，取出的麝香呈暗褐色粒状物，品质优者有时会析出白色晶体。两岁的雄麝鹿就开始分泌麝香，10岁左右为最佳分泌期，每只麝鹿可分泌50克左右。

麝香又称寸香、元寸、当门子、臭子、香脐子。固态时具有强烈的恶臭，用水或酒精高度稀释后有独特的动物香气，能为香水提供完美的基调，可降低香水的挥发速度，使香水发散更平稳，持久性更强。

此外，麝香鼠等其他有香动物也有类似麝香的分泌物。干燥后呈颗粒状或块状，有特殊的香气，有苦味。

麝香与沉香、檀香、龙涎香最大的不同就是：很少单独熏燃，经常与其他香料合香使用。

麝香自古以来即在多味经典香方中出现，合香中麝香的使用量非常少，麝香的分子小而活跃，合香讲究的是"君臣辅佐使发引"，麝香在合香中起到"发香"的作用，使用一点点麝香，就可以让香韵灵动。

《神农本草经》中将麝香列为上药，"主辟恶气，杀鬼精物，温疟，蛊毒，痫痉，去三虫。久服除邪，不梦寤厌寐"，也就是说麝香还可以辟邪安眠。

古代文人、诗人、画家都在上等墨料中加少许麝香，制成"麝墨"写字、作画，作品芳香清幽；若将字画封妥，可长期保存，防腐防蛀。

【性味归经】

麝香味辛，性温；归心、脾经。有很强的开窍通闭、辟秽化浊、活血散结效果。

山奈

山奈又名山奈、沙姜、山辣，为根状茎，一年生草本植物，耐旱、耐瘠、怕浸。

李时珍在《本草纲目》中说：山奈俗讹为三奈，又讹为三赖，皆土音也。或云：本名山辣，南人舌音呼山为三，呼辣如赖，故致谬误。其说甚通。

山奈为草本植物，呈淡绿色，具有芳香气味，一般作为烹饪调味品加入食材当中，其根茎可以入药。多为圆形或近圆形的横切片，外皮浅褐色或黄褐色，皱缩，有的有根痕或残存须根，质脆，易折断。山奈能消肿止痛、祛风除湿，其性温和，对肠胃具有一定的调理作用。

松子壳

很多人都吃过松子，但却很少人知道松子壳还有很多药用价值。松子壳对风湿有很好的预防和缓解作用，但不是直接吃。松子壳养身，入肾经。可以改善人的肾功能，平时腰膝酸软，腰腿肾虚疼痛时可以服用一些松子壳。将松子壳放入锅中，用清水煮沸后，可作药液清洗并涂抹在患处，也可直接用于浸泡足部。松子壳营养丰富，富含矿物质、蛋白质、脂肪和碳水化合物，适度食用对人体有益，经常吃一些松子壳，还可以滋阴润肺，预防动脉硬化等心脑血管疾病，延缓细胞衰老。

松子壳入香为冷磨成粉后使用。

麝香木

麝香木又叫红花、到手香、茴藿香、姜香木、豆蔻木等。原产地是南非、真腊（今柬埔寨）、占城（今越南中南部）等国。

此木兼香料与木材之用。其树老而倒后，湮没于土里并逐渐腐朽，其香气依稀似麝，故名麝香木。作香料以这种倒地腐化的材料为上品。若伐取生木，则气味强劲而恶烈，是为下品。其作用主要有两种：

（1）大多被用于香水，或驱虫的熏香，也被当作观赏植物。

（2）味辛、性凉，可药用。

石菖蒲

石菖蒲又叫菖蒲叶、山菖蒲、水剑草、香菖蒲、药菖蒲等。多年生草本，根茎横卧，生长于山涧泉流附近或泉流的水石间。分布中国长江流域及其以南各地。主产于四川、浙江、江苏等地。

【性味归经】

味辛；苦；性微温。

【炮制方法】

拣去杂质，洗净，稍浸泡，润透，切片，晒干。或者采得菖蒲后，用铜刀刮下黄黑硬节皮，将嫩桑枝条拌在一起蒸，捞出，晒干，去除桑条，切断使用。

石菖蒲入合香能够化湿醒脾、行气除胀、开胃进食；其具有芳香清冽的特性，能够化痰湿、辟秽浊之邪；石菖蒲对于神经系统有一定的抑制作用，可以起到镇静安眠的效果。

山菊花

山菊花别名油菊、疟疾草、苦薏、路边黄、山菊花、野黄菊、九月菊、菊花脑。山菊花为菊科多年生草本植物，以色黄无梗、完整、苦辛、花未全开者为佳。山菊花味辛疏散，体清达表，气清上浮，微寒清热，有疏散肺经风热的作用，但发散表邪之力不强。山菊花还有清肝明目的作用，可以缓解多种原因所导致的眼疾。山菊花性寒，平时吃一些山菊花，可清热解毒，预防上火。

T

檀香

檀香又名大洋洲檀香、新山檀香（澳大利亚）、老山檀香（印度）、地门香（印度尼西亚）、雪梨香（西澳、北澳）等，是檀香科、檀香属植物。

檀香原产于太平洋岛屿，主要以印度栽培最多。中国的广东、台湾也有栽培。檀香被称为"黄金之树"，它全身几乎都是宝，而且每个部分的经济价值都很高。檀香木的心材是名贵的中药。檀香树根部、主干碎材可以提炼精油，檀香精油俗称"液体黄金"。檀香树冠的幼枝和生长过程中修剪下的部分枝条是高档制香制品厂争相收购的原材料，也是雕刻工艺的良材。

作为香料的檀香主要是檀香树干的干燥芯材，为长短不一的圆柱形木段，外表面灰黄色或黄褐色，光滑细腻，有的具疤节或纵裂，横截面呈棕黄色。檀香取自檀香树干的芯材中的油脂，在东、西方都广受欢迎，是主要香料之一。檀香的气息宁静、圣洁而内敛，故佛教尤为推崇，不但被用来制作熏香，还常用来雕刻佛像、念珠等。其是熏燃的上等香料之一，所散发的香韵清甜而带有异国情调，余香袅绕，高雅、沉静，能使人祥和、平静。

【性味归经】

檀香味辛，性温，归脾、胃、心、肺经，因其气味辛辣，性质较温和，因此有行气温中之效。

【典籍出处】

《日华子本草》：热，无毒。

《珍珠囊》：甘苦。

《汤液本草》：气温，味辛，无毒。

炭粉

炭粉入香后具有去味、降烟气、助燃和借色等多种功效与作用。它可以有效去除香品中的不良气味，降低烟气浓度，提升香的燃烧性能，为香品增添一定的颜色效果。此外，炭粉还富含矿物质和微量元素，如钙、钾等，这些成分对人体有益，可以增强免疫力，预防疾病，并有助于解毒养颜。使用炭粉时应适量，并确保干燥，以防止异味产生。

W

乌头

乌头别名川乌、乌喙、奚毒、即子、鸡毒、毒公、耿子等，为毛茛科植物，多年生草本植物，主要分布于中国四川、西藏和云南等地。乌头各部分含有生物碱，其主要成分为乌头碱，有毒性，用药应谨慎。乌头在中医学上为散寒止痛药，既可祛经络之寒，又可散脏腑之寒。具有散寒止痛、回阳救逆的功效。如果患有风湿性关节炎、腰腿痛、神经痛等疾病，可以应用乌头散寒止痛的功效配合治疗。在面色苍白、出虚汗等病症的治疗当中，也可以辅助应用乌头类药物。

【炮制方法】

（1）生川乌：拣去杂质，洗净灰屑，晒干。

（2）制川乌：取净川乌，用凉水浸漂，每日换水 2—3 次，漂至用口尝仅稍留麻辣感时取出，同甘草、黑豆一起加水共同煎煮，至川乌熟透，内无白心为止，除去甘草、黑豆，晒晾，闷润后切片，晒干（每 500 千克川乌，加甘草 2.5 千克、黑豆 5 千克）。

X

香白芷

香白芷一般是指川白芷，是一味中药材，具有解表散寒、祛风止痛等功效与作用。

【典籍记载参考】

《景岳全书》：味辛，性温。气厚味轻，升也，阳也。

《本草崇原》：白芷臭香色白，气味辛温，禀阳明金土之气。

【香白芷和白芷的区别】

（1）属类。白芷是多年生高大草本，香白芷为伞形科草本植物。

（2）生长习性。白芷常生长于林下、林缘、溪旁、灌丛及山谷地，国内北方各省多栽培供药用，喜温和湿润的气候及阳光充足的环境，能耐寒；香白芷生于湿草甸子、灌木丛、河旁沙土或石砾质土中。

（3）地理分布。白芷分布在中国大陆的东北及华北等地，生长于海拔

200 米至 1500 米的地区；香白芷分布在浙江、四川、安徽、河南、浙江、湖北、山东等地。

硝

硝即芒硝，别名：马牙硝、土硝、盆硝，一种体积（经过化学变化）能变小变细的矿石，是火药的原料矿石。硝石的颗粒经过燃烧可以从雨滴大小变成雾状——硝烟。这种体积的变化同雨滴回溯为高空云雾的道理相似。高空的云雾称为"霄"，能燃烧烟化的矿石自然就是"硝"了，古人以硝艾祭神灵，这里的硝就是硝矿石粉末，艾就是艾草。

肖楠

肖楠别名黄肉仔，入香香材一般指台湾肖楠。台湾地区肖楠是台湾特有品种，截至 2012 年，科学界所定义的全世界肖楠属（Calocedrus）植物共有四个种：分别是位于北美西部的"美国肖楠"，中国台湾地区特有种的"台湾肖楠"，中国西南的"翠柏"，以及位于越南的"岩生肖楠"。四者在植物分类上固然皆是肖楠属，但其木材的香味却有显著的差异；以台湾肖楠香气最为内敛温和，纹理和质地最为细致厚实，是肖楠属之冠。

台湾肖楠的木材质地良好，不受白蚁侵蚀，是台湾产针叶树一级木之一，可养成高贵盆景、高级庭院树，也可做各种建筑、家具、棺木、雕刻的用材；其木屑芬芳清香，俗称净香，常用来制作线香。

居家摆设方面，肖楠可净化空气、除臭驱蚊；肖楠油涂抹在皮肤上，可止痛消炎，是天然的强力抗生素，可杀死各种顽强的细菌病毒，对治疗脚气等皮肤微菌皆有效果。

新山西澳檀香

新山檀香，产自西澳。大洋洲所产的檀香木分为西澳与北澳两个产区，西澳洲所产即新山，气味清甜，有树木清新味道，但是醇厚度欠缺。北澳洲所产的檀香木质量较差，不仅含油量极少，味道亦清淡无味，通常被用来加入新山产品以降低制造成本。

关于老山与新山的称谓，从人们开始砍伐檀香木起，就有个不成文的习惯：在某个山区里面开始砍伐，直到这个产区没有了，再寻找其他山头，老产区山头的檀香木就叫"老山"，新开发的山头就叫"新山"。

大洋洲老山檀香燃烧后的香气淡雅柔和，微带玫瑰香，它可以从一开始就让人感觉到它的妖娆和惊艳，给人十分强烈的嗅觉震撼，久嗅则有轻微的酸意。

香附子

香附子即香附，又名莎草香附子、雀头香、水香棱、续根草、水莎、莎结、地毛、草附子、水巴戟、地根、侯莎等。

香附为莎草科植物莎草的根茎，春、夏、秋三季均可采。一般在秋季挖取根茎，用火燎去须根及鳞叶，入沸水中片刻，或放蒸笼中蒸透取出晒干；再放入竹笼中来回撞擦；用竹筛去净灰屑及须毛，即成光香附。也有不经火燎，即将根茎装入麻袋后晒干者。也有用石碾碾去须毛，称为香附米。

香附在中国主产地是山东、浙江、湖南、河南，其他地区也多有生产。其中山东产的称东香附，浙江产的称南香附，品质较佳。

【性味归经】

香附子味辛、微苦、微甘，性平，归肝、脾、三焦经，有调经止痛、疏肝解郁等作用。

【炮制方法】

《雷公炮炙论》雷公云：凡采得后，阴干，于石臼中捣。

生香附：拣去杂质，碾成碎粒，簸去细毛及细末。

制香附：将碾碎之香附放入缸内，用黄酒及米醋拌匀。再用砂糖，加水适量炒烊，然后将香附倒入锅内，与砂糖水充分混合，炒干。（每香附粒50千克，用黄酒、米醋各10千克，砂糖3千克）

四制香附：取净香附用米醋、童便、黄酒、炼蜜（加开水烊化），充

分拌炒至干透取出。（每 50 千克生香附，用米醋、黄酒、童便各 6.25 千克，炼蜜 3 千克）

醋香附：取净香附粒，加醋拌匀，闷一宿，置锅内炒至微黄色，取出晾干。（每 50 千克香附粒，用醋 10 千克）

香附炭：取净香附，置锅内用武火炒至表面焦黑色、内部焦黄色，喷淋清水，取出晒干。

香茅草

香茅草别名柠檬草、茅香、香麻、姜草、香巴茅、风茅草等，是禾本科、香茅属的多年生密丛型具香味的草本植物。香茅草全年可采，采得后洗净，晒干。

香茅草味辛，性温，无毒。香茅草含有丰富的柠檬醛，可缓解疼痛，放松肌肉；香茅草因有柠檬香气，故又被称为柠檬草，这种清新香气可赋予室内清新感，起到调节情绪、使人恢复身心平衡的作用；香茅草精油是芳香疗法及医疗方法中用途最广的精油，可用于室内当芳香剂。

香茅草广泛种植于热带地区，西印度群岛与非洲东部都有栽培，其茎叶可提取柠檬香精油，供制香水、肥皂，并可食用，嫩茎叶为制咖喱调香料的原料。

辛夷

辛夷别名木笔花、迎春花、侯桃、房木、辛雉、姜朴花、毛辛夷等。辛夷为木兰科植物望春花、玉兰或武当玉兰的干燥花蕾，冬末春初花未开放时采收，除去枝梗，阴干。辛夷味辛，性温，走气而入肺，主五脏身体寒热，其佐以归肺经的五味子、乌梅、胆南星，可恢复肺气宣降。辛夷含挥发油，油中含柠檬醛、丁香油酚、桉叶素等。

细辛

细辛别名华细辛、盆草细辛、绿须姜、独叶草、玉香丝、金盆草等。

古代本草中记载的葵类为锦葵科多种植物，其叶多为掌状，与细辛的叶形有相似之处。细辛最早记载于《山海经》中，被称为"少辛"。"细辛"一词最早来源丁《神农本草经》，记载为"一名小辛"。此外，《广雅》云："细条、少辛，细辛也。"《中山经》云："浮戏之山，上多少辛。"郭璞云："细辛也。"《管子·地员篇》云："小辛，大蒙。"《范子计然》云："细辛，出华阴，色白者，善。"

通过以上说明，细辛自古就是一味常用中药，通俗易懂，可被大众接受，根的形状细，味道辛，故得名"细辛"。在《神农本草经》中有详细的记载，说明自此之后，细辛的药用地位被确定，并且被广泛应用。

自西汉《范子计然》开始，古代绝大多数文献均记载细辛以"华阴""华州"等地所出为佳，属今陕西华阴市一带，为华细辛的分布地区，华细辛由此得名。

南北朝陶弘景的《本草经集注》义记载了其他几处产区："今用东阳临海者，形段乃好，而辛烈不及华阴、高丽者。""高丽"为今辽东半岛及朝鲜一带，为辽细辛及汉城细辛的分布区，辽细辛之名也因产地而来。

【性味归经】

细辛味辛、性温，有小毒；归心、肺、肾经。

细辛入香后具有多种功效与作用，主要包括解表散寒、祛风止痛、通窍、温肺化饮等。此外，细辛还具有一定的利尿作用，有助于排出体内多余水分，减轻水肿症状。但需注意，细辛有小毒，使用时应谨慎并控制剂量，避免长期大量摄入，所以在历代合香香材中，都是极少成分的辅使，没有以主香材出现过。

Y

榆面

榆面即榆树皮磨成的粉，旧时荒年用之制面食以充饥。明代李时珍《本草纲目·木二·榆》记载："古人春取榆火。今人采其白皮为榆面，水调和香剂，黏滑胜于胶漆。"

清陈淏子《花镜·花木类考·榆》云："荒岁，其皮磨为粉可食，亦可和香末作糊。榆面如胶，用黏瓦石，极有力。"其味甘，性寒，无毒。

芸珠粉

芸珠粉别名枫香脂、枫脂、白胶、胶香等，为金缕梅科植物枫香树的树脂。选择生长 20 年以上的粗壮大树，于 7—8 月间凿开树皮，从树根起每隔 15—20 厘米交错凿开一洞。到 11 月至次年 3 月采收流出的树脂，晒干或自然干燥。芸珠粉呈不规则块状，或呈圆形颗粒状（芸"珠"粉的由来），大小不等，直径多在 0.5~1 厘米，少数可达 3 厘米。表面淡黄色至黄棕色，半透明或不透明。质脆易碎，破碎面有玻璃一样的光泽。气味清香，燃烧时香气更浓，味淡。

【典籍记载参考】

《尔雅》郭璞注："枫，树似白杨，叶圆而歧，有脂而香，今枫香是。"

《南方草木状》："其子大如鸭卵；二月花发，乃连着实，八九月熟。曝干可烧，惟九真郡有之。"

唐《新修本草》首载枫香脂："所在大山皆有。树高大，叶三角，商洛之间多有。五月研树为坎，十一月采脂。"

《纲目》收枫香脂于木部香木类，云："枫木枝干修耸，大者连数围。

其木甚坚，有赤有白，白者细腻。其实成球，有柔刺。"

【炮制方法】

《简要济众方》中记载的方法："细研为散。"

《纲目》中记载的方法："凡用（芸珠粉）以畲水煮二十沸，入冷水中，揉扯数十次，晒干用。"

《外科全生集》："水煮三天，候汤温，手扯油净，冷即硬。"

现在的方法是，取原药材，除去杂质，捣碎。

远志

远志，又名蒌绕、蕀蒬等。中国主要产于东北、华北、西北和华中以及四川；多年生草本，主根粗壮，韧皮部肉质。

远志作为一味中药，在合香中加入后，能够发挥多种功效与作用。

（1）远志具有祛痰止咳的功效，对于咽喉有痰的患者来说，加入远志的合香能够帮助改善症状。

（2）远志有安神益智的作用，对于心肾不交引起的失眠多梦、神昏健忘等症状，合香中加入远志有助于缓解这些不适。

一般来说，合香中加入远志的方式是将远志与其他香料一同研磨成粉，再加入适量的水或酒调和。

【炮制方法】

拣去杂质，切段，筛去灰屑。

炙远志：先取甘草煎汤，去甘草，加入拣去木心的远志，文火煮至甘草水吸尽，取出，晒干。（每50千克远志，用甘草3.2千克）

蜜远志：以炼蜜加入适量开水和匀，拌入炙远志，稍焖，微炒至不黏手为度，取出放凉。（每50千克炙远志，用炼蜜10千克）

牙硝

牙硝即芒硝，别名：马牙硝、土硝、盆硝、焰硝等，参阅"硝"。

玉龙

玉龙又名僵蚕、白僵蚕、僵虫、天虫。僵蚕是一种动物类药材，略呈圆柱形，多弯曲皱缩，多于春、秋季生产，生用或炒用入药或入香，古时常用于治疗中风、惊风、头风等症。主要分布于江苏、浙江、四川、广东等地。

【典籍记载参考】

《本草纲目》："僵蚕，蚕之病风者也。治风化痰，散结行经。"

《名医别录》："味辛，平，无毒。"

【炮制方法】

（1）僵蚕：淘洗后干燥，除去杂质。

（2）炒僵蚕：取净僵蚕，照麸炒法炒至表面黄色。

元参

元参别名玄参、浙玄参、黑参、乌元参、鬼藏、鹿肠、玄台等。

元参为玄参科多年生草本植物玄参的根，主产于浙江、四川、湖北等地。味苦咸，性微寒，无毒。归肺经、胃经、肾经。古时常用来滋阴凉血、泻火解毒、抗炎杀菌。

【炮制方法】

拣去杂质，除去芦头，洗净润透，切片，晾干。或洗净略泡，置笼屉内蒸透，取出晾六七成干，焖润至内外均呈黑色，切片，再晾干。

《雷公炮炙论》："凡采得玄参后，须用蒲草重重相隔，入甑蒸两伏时后出，晒干，拣去蒲草用之。"

【典籍记载参考】

《本草正义》："玄参，禀至阴之性，专主热病，味苦则泄降下行，故能治脏腑热结等证。味又辛而微咸，故直走血分而通血瘀。亦能外行于经髓，而消散热结之痈肿。寒而不峻，润而不腻，性情与知、柏、生地近似，而较为和缓，流弊差轻。玄参赋禀阴寒，能退邪热，而究非滋益之品。"

崖柏

崖柏，柏科，国家一级保护野生植物。崖柏起源于恐龙时代，其木材化石始于侏罗纪中期，在白垩纪曾有过鼎盛时期，拥有众多的物种。到了第三纪，该属物种大量消失，全世界仅存 5 个间断分布的物种。

崖柏入香可以很好地净化空气环境。如果在工作和生活中感到非常紧张和焦虑，或者情绪不稳定时，使用崖柏，对稳定情绪、缓解抑郁非常有帮助。崖柏香可以很好地促使血压的下降，使大脑的血液流量开始减少，抑郁得到缓解，整个人都会感到精神振奋。崖柏香味起到消炎杀菌的作用。崖柏香味还可以安神醒脑，对于神经兴奋引起的症状能够起到调理的作用，从而改善入睡困难或睡眠时间短暂的问题。

Z

朱砂

朱砂为硫化物类矿物辰砂族辰砂，味甘，性寒，有微量毒性，归心、肺经，入香后具有镇静安神、清热解毒、明目、驱蚊杀虫等功效。

皂荚

皂荚豆科植物皂荚的果实或不育果实，前者称皂荚，后者称猪牙皂。味辛、咸，性温，归肺、肝、胃、大肠经，以肥厚、色紫褐者为佳。皂荚可祛痰、开窍散风、消肿杀虫等。

紫檀

紫檀别名青龙木、黄柏木、蔷薇木、花榈木、羽叶檀、紫真檀、赤檀等。

紫檀最早是在印度热带森林和岛屿上发现的。中国人酷爱紫檀木，商周以来，即为车辕及宫廷上好家具材料。据史料记载，隋唐五代，中国开始用黑檀、紫檀制作家具及工艺品。唐代是中国家具走向成熟时期，是家具发展史上一次重大飞跃。

一寸紫檀一寸金。紫檀这种良材，很早就为人们所认识。中国古代最早关于"檀"的记载，始见于《诗经·魏风·伐檀》："坎坎伐檀兮，置之河之干兮。"明人曹昭在《新增格古要论》中记述紫檀这种木材："紫檀木出交趾、广西、湖广，性坚好，新者色红，旧者色紫，有蟹爪纹，新者以水湿浸之，色能染物，作冠子最妙。"

【性味归经】

紫檀味咸，性平；归肝经。

【典籍记载参考】

《本经逢原》："咸，平，无毒。"

紫檀入香后具有多种功效与作用。它有理气和胃、行气止痛的功效，可缓解寒凝气滞、腹痛、胃痛、胃寒呕吐等症状。此外，紫檀还能缓解压力、促进睡眠、活血化瘀、滋养肌肤等作用。

制没药

制没药别名末药（《纲目》），全没药、索马里没药、法特利没药、阿拉伯没药、也门没药（《中药志》）、明没药（《中药材手册》）等。

制没药为橄榄科植物地丁树或哈地丁树的干燥树脂，主产于非洲东北部的索马里、埃塞俄比亚、阿拉伯半岛南部及印度等地，以索马里所产没药最佳。

在东方，制没药是一种活血、化瘀、止痛、健胃的中药，产地古代阿拉伯及东非一带。《北史》中有记载，说制没药来自西域漕国。在西方，没药是一种据说有神奇疗效的药物。希伯来人将没药树枝制作成各种芳香剂、防腐剂和止痛剂，在旧约时期，常被做成油膏，涂抹在伤口，促进伤口愈合。制没药味辛、苦，性平，归心经、肝经和脾经。

【炮制方法】

没药：拣去杂质，打成碎块。

制没药：取拣净的没药置锅内用文火炒至表面稍见熔化点，取出放凉。或炒至表面稍见熔化时，喷洒米醋，继续炒至外层明亮光透，取出放凉。（每 50 千克没药，用醋 3 千克）

【典籍记载参考】

《本草图经》："没药，生波斯国，今海南诸国及广州或有之。木之根、之株，皆如橄榄，叶青而密，岁久者则有膏液流滴在地下，凝结成块，或大或小，亦类安息香。"

藏柏

藏柏别名不丹柏、秀巴、西藏柏木。藏柏树长在珠峰附近的海拔七千米之上的雪域，生长极其缓慢，要千百年才成材。腐朽了的藏柏枝干会随着雪水流进山脚下的河流，藏民采集后制香，此工艺至今流传。

藏柏有安神镇静的作用，可入香入药，对因气血亏损、虚寒阴湿的失眠人士有改善作用。藏柏香还具有良好的抗菌、抗炎、杀菌效果，并能使身体功能由内而外得到调节，促进身体新陈代谢，预防疾病。藏柏对稳定情绪、缓解抑郁非常有帮助。

蜘蛛香

蜘蛛香别名：马蹄香、土细辛、心叶缬草，为败酱科植物蜘蛛香。其使用部位为干燥的根茎和根。

【炮制方法】

拣去杂质，洗净，润透，切片，晒干。

【性味归经】

蜘蛛香味微苦、辛，性温；归心、脾、胃经。

詹糖香

詹糖香为樟科山胡椒属植物红果钓樟的枝叶煎熬炮制而成，炮制后具有祛风除湿、解毒杀虫之功效。主治恶疮，疥癣。

《本草经集注》："此香皆合香家要用，不正复入药，惟治恶核毒肿，道方颇有用处。詹糖出晋安岑州。上真淳泽者难得，多以其皮及蠹虫屎杂之，惟轻者为佳，其余无甚真伪，而有精粗尔。"

《新修本草》："詹糖树似橘，煎枝为香。似砂糖而黑，出广交以南。"

卷三　香器

历代的香器/香具简概

香器，最原始的状态应该是火坑了，古人祭祀围火而拜，焚硝艾祭神灵，有史可考的香器如大家所熟知的战国时期的"王子婴次炉"，可把中国的熏香历史往前推进500多年。据考古专家考证"王子婴次炉"焚烧的香料是以草本植物为主，既

《弘历观画图》郎世宁

有室内焚香取暖功能，又有驱灭蚊虫、消除秽气之功效，这一形制铜炭炉的出现直至现在仍然被沿用。

明·正德 铜阿拉伯文炉瓶盒三事

当代所谓的"香器"是指焚香用的器皿及用具，除了最常见的香炉之外，还有手炉、熏球、香囊、香盘，及在香粉的香篆、盛香的香盆，都属于香器的范畴，可分为两大功效，一是焚香器皿，二是为制作香品所用的工具，即"香具"。

焚香器皿，常见的有香炉、
手炉、香笼、卧炉、熏球、香
插、香盘、香盒、香囊等。

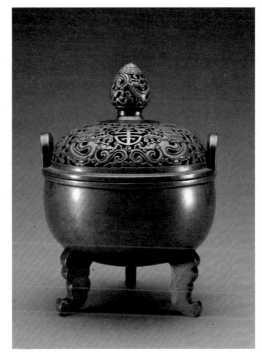

宣德款铜熏炉（清代仿制）故宫博物院藏

丰年于 2015 年手作狻猊炉

香炉，大抵是人们最常见也最常用的
香器了，是香道必备的器具，香炉是中国
传统民俗、宗教、祭祀活动中必不可少的
供具。

香炉起源于何时，尚未有定论，赵希鹄《洞天清禄集·古钟鼎彝器辨》中记载："古以萧艾达神明而不焚香，故无香炉。今所谓香炉，皆以古人宗庙祭器为之。爵炉则古之爵，狻猊炉则古踞足豆，香球则古之鬶，其等不一，或有新铸而象古为之者。唯博山炉乃汉太子宫所用者，香炉之制始于此。"

丰年柴烧狻猊炉

2022 年加拿大个人展展品，现藏于温哥华

丰年手作《仓牙》礼器香炉（一）

在历史发展过程中，香炉除了焚烧熏香外，在很大程度上，承载了礼器的功能。

礼器，是古代中国贵族在举行祭祀、宴飨、征伐及丧葬等礼仪活动中使用的器物，用来表明使用者的身份、等级与权力。

礼器是在原始社会晚期随着氏族贵族的出现而产生的。如在山西襄汾陶寺遗址的龙山文化大墓中，出土有彩绘龙盘及鼍鼓；在良渚文化的一些大墓中，出土有玉琮、玉璧等。进入商周社会后，礼器有了很大的发展，成为"礼治"的象征，用以调节王权内部的秩序，从而维护社会稳定。

丰年手作《仓牙》礼器香炉（二）

（吕海强摄影）

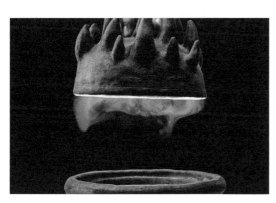

丰年手作《仓牙》礼器香炉（三）

（吕海强摄影）

这时的礼器包括玉器、青铜器及服饰。玉礼器有璧、琮、圭、璋等。青铜礼器种类数量众多，工艺精美，最为重要。种类有食器（如煮肉盛肉的鼎、盛饭的簋）、酒器（如饮酒器爵，盛酒器尊、壶）、水器（如盥洗器盘、匜）、乐器（如钟、铙）和杂器（如罐、箕形器、香器、炉、方形器）。

香炉材质多为陶瓷或铸铜等金属，文玩清供中也有石材、木材等质地，艺术价值和把玩价值更高。自元以来，随着冶炼技术的进步，铜炉成为制作香炉的主流材质，耐高温且造型富于变化是其最大特点，尤其是宫廷祭拜场所和寺院道观的露天香炉，至今以铜制香炉为主。

东岳庙铜香炉

五塔寺石制祥云香炉

香炉种类繁多，一般可分为鼎式炉、敦式炉、豆式炉、筒式炉、方炉、扁炉、博山炉、动植物造型炉、莲花炉、卧炉、印香炉、多穴炉、手炉、熏球、香筒等样式。

左：北宋 汝窑天青釉莲瓣鸳鸯钮熏炉，2002 年河南省宝丰清凉寺汝窑遗址出土
右：北宋景德镇青白瓷香鸭，美国芝加哥美术馆藏

作品《造极》取"登峰造极"之意。太湖石于其上方，袅袅烟雾扶摇直上。乃登峰造极之神器。

丰年手作《造极》

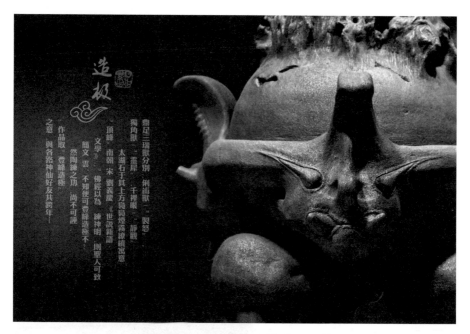

三足鼎雕塑三瑞兽香炉：俐齿兽——制怒

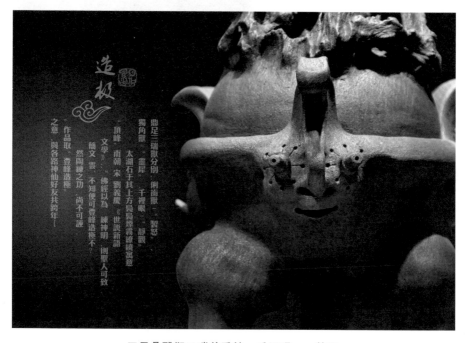

三足鼎雕塑三瑞兽香炉：千里眼——静观

三足鼎雕塑三瑞兽香炉：独角兽——灵犀

2018 年《造极》作品参加中国当代艺术家跨界百人展并获金奖

图为作者与母亲合影

南朝宋的刘义庆在《世说新语·文学》中写道：佛经以为祛练神明，则圣人可致。简文云："不知便可登峰造极不？然陶练之功，尚不可诬。"此作品就是吸取归纳了历代香器、礼器的制式，用雕塑形式表现了出来，有博山炉的影子亦有瑞兽钮首来装饰表现，炉内焚点香料，袅袅烟雾扶摇直上的那一刹那，大有福至人间登峰造极之神韵。

卧炉，也有"香盒"之称，用于熏烧水平放置的线香，也称横式香熏，类似于香筒，但横竖方向不同，炉身多为狭长形，有多种造型，有盖或无盖。古时候是在炉底铺盖一层香灰，在香灰上焚点线香或香粉，现在科学进步，香灰由防火岩棉所代替，这样既安全又不至于因香灰透气性不足导致半途灭香，另外防火岩棉的运用更便于清洁香炉。

明·铜胎掐丝珐琅八宝纹长方熏炉

香筒是竖直熏烧线香（或签香）的香器，又称"香笼"。造型多为长而直的圆筒，上有平顶盖，下有扁平的承座，外壁镂空成各种花样，筒内设有小插孔，以便于安插线香。其质材多为竹、木或玉石，现市场多见为合金、镀金产品，合金的特点是抗氧化，易清洗。

清乾隆·鎏金铜掐丝珐琅塔形盘龙大香筒

朱漆描金龙凤纹手炉·北京故宫博物院收藏

手炉，是冬天暖手用的小炉，多为铜制。手炉是旧时中国宫廷和民间普遍使用的一种取暖工具，与脚炉相对而言。因可以捧在手上，笼进袖内，所以又名"捧炉""袖炉"；炉内装有炭火，故也称"火笼"。用火取暖，是先民们早就发现的。古人将火种放进陶器具内，称为"火炉"。大家围坐取暖，在古诗文中常有描写。

熏球，是古代用来熏香衣被的奇巧器具。这种器具呈圆球状，带有长链，球体镂空并分成上下两半，两半球之间以卡榫连接。内套数层同心环，皆以承轴悬挂于外层，最内层设有焚香的小"盂"。它的原理是利用同心圆环形活轴起着机械平衡的作用，无论熏球如何转动，只是两个环形活轴随之转动，而小盂能始终保持水平状态，使小盂中盛放点燃的香料不会撒出。在唐代贵族的生活中，已经普遍使用银熏球。

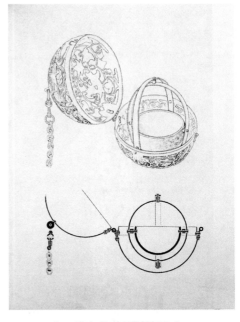

唐·鎏金雀鸟纹银香熏球
法门寺博物馆藏

清·铜胎掐丝珐琅葫芦口香插

香插，是带有插孔的基座，用于插放线香。基座的造型、高度、插孔大小、插孔数量有多种样式，可用于不同粗细、长度的线香。由于线香在明清时期比较流行，故香插也流行较晚，多见于清代。

香囊，又叫作容臭、香袋、香包、香缨、佩帏、荷包等。

它是古代中国劳动妇女创造的一种民间刺绣工艺品，是以男耕女织为标志的古代中国农耕文化的产物，是传承千年而余绪未泯的中国传统文化的遗存和再生。

香囊最早称容臭，屈原《离骚》中有"扈江离与辟芷兮，纫秋兰以为佩"，当时的香料是辟芷、秋兰。在明朝仍有容臭的称呼。中国传统的香囊多用绸布制成，内装雄黄、薰草、艾叶等香料。端午节有佩挂香囊的习俗。2008年香囊入选第一批国家级非物质文化遗产扩展项目名录。

香囊中的香料

香囊

丰富的香器种类，主要是为了配合各种不同形态的香焚烧或蒸熏的方式而产生。除了实际上的用途之外，基于美观及装饰的考量，香炉的形制、炉身的造型和色彩，更是琳琅满目，配合袅袅香烟及美好的香味，使用香的情境达到极致。

目前法古制香主要分为打香篆、隔火空熏、制作塔香、香饼、香丸、线香、盘香等几大类型。

常见的制香工具有香篆、香夹、香箸、香铲、香匙、灰押、羽扫、银叶/云母片、香炭、点炭架、晾晒网等。

清·乾隆铜胎画珐琅黄地番莲纹炉瓶盒组

香具套组

一般香友入门都是从打香篆、隔火熏香、闷香法开始的，主要用到的工具有以下几种。

（1）香篆。香篆又称香印、香拓，是一种源自中国古代的香道艺术工具。它是一种专门用来燃点香粉的模具，古时的佛堂书斋闺阁里，人们常把合香粉末用模子压印成固定的字型或花样，点燃后循形燃尽，这种用香的方式称为"打篆香"。

香粉压印成各种图案后，通过燃烧产生香气，既具有观赏价值，又具有实用价值，近年来，随着人们对生活品质的追求，打篆香逐渐受到越来越多人的喜爱。

香篆工具（一）

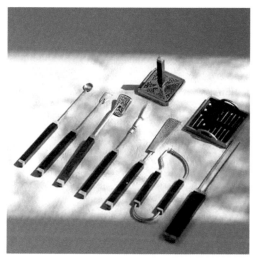

香篆工具（二）

使用方法：把香灰压平整，放入香篆，铺上香粉，将香粉压实后取出香篆，点燃即可。打香篆的时候应静心、去浮躁，方可打出好香篆，一旦有一处松散断开，香就会在此处断烧，打香篆是自检心态、解压放松的一种极好的雅事。

（2）香夹。香夹又称"香镊""银叶夹"，主要用于夹炭、夹隔火熏香时用的云母片。在点炭的时候，香夹比香筷好用。香夹也可以夹一些香材、燃过的香头等。

（3）香筷。香筷又称"火箸""香箸"，用途比较多，可用于理松香灰、夹碳、压香筋（做图案），闷香法或隔火熏香时用杏筷在香灰顶部打碳孔，俗称"开火窗"。

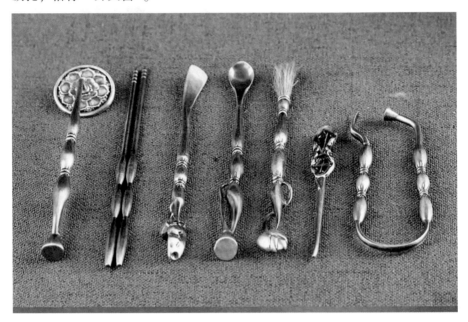

香篆工具（三）

（4）灰压。用于压平香灰，使香灰平整。

香篆工具之灰压

香篆工具（四）

（5）香勺。香勺用来铲香粉、香球，背面可以辅助压香灰，铲除燃过的香灰等。

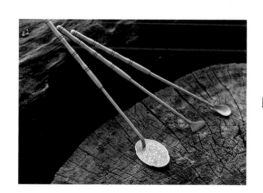

香篆工具之香铲

（6）香铲。香铲用来铲香粉以及打香篆时填香粉。

（7）羽扫。羽扫也叫"灰扫""香扫"，用来清洁香炉、器具上的香灰。

香篆工具之羽扫

223| 卷三　香器

香道之压香筋

（8）侧灰压。侧灰压也叫"侧压"，主要用途是压平侧面的香灰，堆成火山状，也就是"压香筋"。

如果不是纯手工制香，还需要一系列模具、机械，总之造型丰富的香具，方便了人们制作不同类型的香品。

手工制香图之姥姥的双手

香道制香、焚香，是历史悠久的中国传统生活艺术的升华，多流行于中国古代贵族士大夫及文人阶层，通过识香、六根感通、香技呈现和香法修炼等环节，并在相对规范的程序中，使人体会人生和感悟生活的一种高品位的修行。

香，不仅芳香养鼻、颐养身心，还可祛秽疗疾、养神养生。端午节期间，中国民间更有在端午节挂香袋、插艾蒿的习俗。

香，在馨悦之中调动心智的灵性，于有形无形之间调息、通鼻、开窍、调和身心，妙用无穷。人类对香的喜好，是与生俱来的天性。

卷四　香事

什么是"古法合香"?

"古法合香"是一种源于中国古代的制香技艺,最早可追溯至汉代,到了唐宋时期,合香技艺达到了巅峰。

在聊"古法合香"前,首先要知道什么叫"合香"。

合香,又称"和香",是传统制香工艺的核心,按"君臣佐使"中医组方原则配伍,采用天然香材手工制作,将多种香料按照不同剂量调和在一起,形成气味馥郁融合的独立香品。这种制香技艺在中国古代得到了广泛的应用,如祭祀、宗教、医疗等方面,已有上千年的历史。

从现有的史料可知,春秋战国时,中国对香料植物已经有了广泛的利用。

秦汉时,随着国家的统一、疆域的扩大,南方湿热地区出产的香料逐渐进入中土,紧接着,"陆上丝绸之路"和"海上丝绸之路"的活跃,使东南亚、南亚及欧洲的许多香料传入了中国。

合香场景图

丝绸之路 绘画

西汉初期，在汉武帝之前，熏香就已在贵族阶层流行开来。

魏晋南北朝时，人们对各种香料的作用和特点有了较深的研究，并广泛利用多种香料的配伍调合制作出了特有的香气，出现了"香方"的概念。香方种类丰富，还出现了许多专用于治病的药香。由此"香"的含义也发生了衍变，不再仅指单一香料，也常指由多种香料依香方调和而成的香品，也就是后来所称的"合香"。

古时雅集（古画局部）

从单品香料演进到多种香料的复合使用，这是香品的一个重要发展。

与之相对应的就是单方香。单方香是香文化发展过程中早期的产物，是指以单一香料为原料，添加天然黏合剂制作的香品，如檀香、沉香等。但单品香的药性较单一，长期使用会造成人体气血不合。

沉香木

　　合香是简单的香药组合，是充分利用药性的五行属性，将各种香料的药性相互协调、相互作用的过程。高品质的合香具有调节心神、通畅经络的功效。在制作过程中，通常会将不同的花卉或中药打成粉末，如玫瑰、艾草、龙涎香等中药材，或者是薰衣草、香茅草等草本植物的花瓣或草叶。这些原料本身虽具有香味基质，但含量不足或单一，因此与其他原料或调料合并炮制，会形成独特的香气。制作合香的过程非常讲究技艺和经验，需要精湛的手工技能和深厚的理论知识才能制作出高品质的产品。

合香粉

杜堇《十八学士图》（局部）

合香的分支很多，比如，流传于民间的民间合香文人雅士香；佛家、道家独有的宗教用香；起源于宫廷贵族的宫廷用香等，所以要想做好合香，首先要从法古开始，这也是本书取名为"古法合香"的原因。

据史书记载，唐代的合香工艺非常繁复，需要经过数十道工序才能完成。其中最关键的一步是调配香料，这一步需要调香师根据不同的用途和需求，选择不同的香料进行混合。这些香料包括沉香、檀香、乳香、龙涎香等名贵的天然香料，以及一些植物的果实、花朵、树皮等。

古人焚香场景

随着时间的推移，合香技艺逐渐传承下来，并在明清时期得到了进一步的发展和完善。如今，虽然现代工业已经可以大规模生产合成香料，但许多人仍然钟爱用传统的古法合香技艺所制作出的香气独特的香品。古法

《陈氏香谱》内容局部

合香香方背后的故事有很多，其中一些是关于调香师如何通过自己的想象力和创造力来创造出新的香气。例如，模拟龙涎香的方法被宋代文人雅士所采用，他们在《香乘》和《陈氏香谱》中记录了许多龙涎香方。比如本书中着重分享过的南唐后主李煜为小周后调制的"凝神香"，即被称为"江南李主帐中香"的"鹅梨帐中香"；再比如命名来源于苏轼和苏辙这两位北宋著名文人的"二苏旧局香"；还有始创于寿阳公主，再创于苏东坡的"雪中春信香"等。

古法合香对中国文化有着重要的价值。作为一门古老的技艺，它不仅是一种物质的制作，更是文化的传承和创新。在当今时代，随着科技的进步和现代化的推进，许多传统的手工艺逐渐被淡忘。然而，古法合香作为一种独特的技艺，依然保留了原始的文化基因，对于研究中国历史和文化的学者来说具有重要的意义，具体表现在以下三个方面。

（1）古法合香是传统文化的载体。古法合香所使用的香料和制作工艺都蕴含着古代文化的精髓。通过研究古法合香，我们可以了解古代人们的生活习惯、文化观念和艺术审美等方面的信息。

（2）古法合香是一种文化遗产。古法合香不仅是一种物质产品，更是一种精神寄托和文化表达。在当今社会，人们越来越注重精神生活的品质，而古法合香作为一种高雅的文化现象，能够满足人们对于美好生活的追求。

（3）古法合香是一种艺术的体现。通过精心挑选香料和精细的工艺制作，制香师们将普通的香料变成了一件件精美的艺术品。这些艺术品不仅是物质的享受，更是精神的寄托和灵魂的慰藉。

合香原材料制作图

合香中黏粉的使用比例与种类

无论是制作塔香、倒流香、香片还是制作线香、盘香以及香珠、香牌时都离不开黏粉的使用，它是合香制作过程中必不可少的一种材料（无黏粉香品除外）。作为香品的黏合剂，黏粉的作用是把香粉黏合定型在一起，下面这个黏粉比例，供大家参考使用。

（1）制作塔香、倒流香、香片时，黏粉比例为 10%~20%；

（2）制作线香时，比例为 15%~25%；

（3）制作盘香时，比例为 20%~30%；

（4）制作香珠、香牌时，比例为 25%~30%。

不同的黏粉、香粉和配方，比例各异，味道千变万化。

比如对于常见的檀香、艾草等香料粉，以及较干燥、少油性、粗糙的香粉，可以根据实际情况需求适当微调黏粉的比例。市场上常见的黏粉以及黏粉的选择有以下几种。

（1）楠木黏粉。楠木黏粉纯天然、黏性好、稳定性高，造型后不易变形、不易吸潮，对制香香材味道影响小，是中高端线香、盘香的首选。

楠木黏粉

（2）榆树皮黏粉。榆树皮黏粉纯天然、黏性稍差，其价格低于楠木黏粉。榆树皮黏粉本身有一点点味道，因此会影响香本身的味道，但由于价格实在是便宜，所以在日常用的香品中经常出现，是中低端单方线香、普通天然合香常用的黏粉。

榆树皮黏粉

（3）印尼黏粉。顾名思义，产地印尼，由一种叫作"龙楠树"的树皮提炼精选而制成的黏粉就是印尼黏粉也叫"印尼楠木黏粉"，是市场中性价比较高的一种黏粉，也是主流制香材料。

印尼黏粉

（4）水麻皮黏粉。水麻皮黏粉黏度高，但是有一点辛辣味，所以高端香很少用到。

水麻皮黏粉

（5）白皮黏粉。白皮黏粉也是榆木黏粉的一种，用榆白皮制，因其味道比较重，焚点时会影响香味改变香韵，所以制香很少用，一般用来做香珠和香牌等。

白皮黏粉

市场上还有其他的小门类黏粉，这里就不一一列举讲述了。总之，黏粉的优劣，直接关系到合香最终的品质。当然，合香配伍没有最好只有更适合，参考以上内容因地制宜，因香而选，或是依自己的使用习惯和经济情况而定为佳。

香药材的炮制种类与方法

天然香药材，无论其品质优良与否，都属于"生"香药材，尤其是古法合香中，很多配伍中的香材若直接用来制香未必能发挥其最佳功效。所以传统制香或是入药，会根据香药材的品种、产地等特点，施以相应的特殊处理，才能使其功效充分发挥，并消除可能存在的毒副作用。此外还可以根据配伍的要求，使用特定的方法使香材的药性发生改变，这便是香药材的"炮制"。

传统香不仅在香料配伍方面十分考究，而且对于香料的炮制也有非常严格的要求，炮制得当与否，直接影响着香的质量。同一种香料，用在不同的香里，炮制方法常常不同。从总体上说，炮制香材的目的，一是去其杂质，便于使用，二是导顺治逆，理其药性。

古法合香中主要的炮制方法有修、蒸、煮、炙、炮、焙等。

修：一是使香材纯净，二是做切制、粉碎处理，即采用拣、摘、揉、刮、筛、凉以及切、捣、碾、镑、挫等方法，除去杂质、变质的部分及其他非药用成分。需要注意的是：现如今科技时代，人们会运用很多机器代替手工，但是在研磨打粉的时候也是尽量使用冷磨法进行研磨，否则在机器高速高温的情况下，香药材的芳香分子会瞬间被逼发且挥发掉，其香性、药性会大打折扣。

蒸：即利用水蒸气或隔水加热香材；可清蒸，也可加入辅料；蒸的火候、次数视要求而定。此法既可使香材由生变熟，也可调理药性，分离香材。如，元代王恽《秋涧先生大全集》记载："《素馨辞序》：五代汉刘隐女曰素馨死，其墓生花甚香，因以女名目之。后人削降香作薄株，以此花蒸之，及爇，比本品极清远，无浓重勃郁之气。颜公仲复谒余试之，诚然。"

煮：用清水或加料浸煮，主要目的是调整药性，去其异味。如明代周嘉胄《香乘》记载："花熏香诀：用好降真香结实者截断，约一寸许，利刀劈作薄片。以豆腐浆煮之，俟水香，去水，又以水煮至香味去尽，取出，再以末茶或叶茶煮百沸，滤出，阴干。随意用诸花熏之。其法，用净瓦缶一个，先花一层，铺香片一层，又铺花片及香片，如此重重铺盖了，以油纸封口，饭甑上蒸，少时取起，不可解开，待过数日以烧之，则香气全美；或以旧竹壁篦，依上煮制，代降眞，采橘叶捣烂，代诸花熏之，其香清古，若春时晓行山径，所谓草木真天香者，殆此之谓与。"

炙：用液体辅料拌炒，使辅料渗入混合于香材之中，以改变香材的药性。在制香中常用的辅料主要有蜜、梨汁、酒等。如《陈氏香谱》记载："蕃降真香切作片子，以冬青树子单布内绞汁浸香，蒸过，窨半月烧。"此方中，冬青树子当为冬青树果，冬青果为浆果状核果，可以绞汁。

炮：用武火急炒，或加沙子、蒲黄粉等一起拌炒；炮与炒只是火候上的区别，炮烫用武火，炒炙用文火。如《陈氏香谱》："蕃降真香一两，劈作碎片，藁本一两，水二碗，银石器内与香同煎。右二味同煮干，去藁本，不用慢火，衬筠州枫香烧。"

焙：将香材置于容器（瓦器等）中加热使其干燥。如《陈氏香谱》：

"熏华香，今按此香盖以海南降真劈作薄片，用大食蔷薇水浸透，于甑内蒸干，慢火爇之，最为清绝。樟镇所售尤佳。"

以上知识点，是本书作者在多年的制香合香过程中，依照古法、查找古籍、拜访名家、慢慢积累、摸索总结出来的，希望能帮助在制香合香过程中遇到难点不知如何解决升级的制香爱好者，让大家少走弯路，更好地制作配伍出自己心仪的香材。

中华传统文化，需要我们携手挖掘、继承、发扬。

香道用香灰

自古以来，贤人雅士无不对香宠爱有加，如黄庭坚、苏轼等均为爱香之人，甚为热衷于寻找上好香材和赏香、斗香，更常有比灰赏炉之事。

说起这论炉中牙灰，也是香事里极为重要的环节。本部分主要讲述香道用香灰。

牙灰图片

《字汇》释义：火过为灰。顾名思义，即是燃物烬烧后的最终形态。

炉灰，看似不起眼，但是在打香篆或埋炭空熏抑或是闷香时，如果没有灰或者没有好的炉灰，是万万品不到一炉好香的。大多数人皆认为只要有好的熏具，再配以上等香材便是好香一炉，却往往忽略了同样重要的是还需要有一炉上好的香灰。香灰是衬托香料香材、香粉

香灰照片

燃烧的必要条件，因透气而辅助香升华。有时候，为了得到一等良灰，甚至比寻觅极佳之熏材还要难上许多。

如今市面上比较常见的炉灰有草木灰、矿石灰、炭火灰等。

（1）草木类灰。常见于禅殿庙宇或民宅佛堂内。这些场所都以野草、树根、落叶、断枝或破木为主材，等到焚烧成灰烬后，取之而用。草木灰虽然价格便宜，得来也相对容易，但并不适宜用于香事，因为其杂味重、颗粒大，有时还有可燃物在其中，还须经过多次烧炼，适合立着的香。最佳制法，是将细叶断枝烧制成灰，用炭火养一夜，用筛筛过，再放入香炉中。

平拓香灰照片

（2）矿石类灰。于庙宇殿外、后山露天祭拜用的中型炉内多见。多将未化的石灰捶碎，筛过，入锅炒至红色，放凉，再研磨过筛，重复数次，制成养炉灰。煅烧好的矿石灰，其色洁白可爱，不过日日夜夜都需要一块炭火养着，且需用盖子盖好，如果不小心沾

矿石灰

染异物之后，就会变黑。煅烧不好的石灰灰，容易有异味，且附染杂气后，长久不去。另外，易受潮，吸收湿气会结块成团，久不料理，则青苔横生。此类灰不宜于香席使用。

花果类灰

（3）花果类灰。通常以花蕊、花瓣或果实炼制成灰。取荔枝壳、无患子皮等，阳光下晒干，用火烧成灰。此灰的颗粒可筛到很细，淡有清香，且具良好的保温性，适合熏香用。

（4）本草类灰。据明代周嘉胄的《香乘》卷二十"制香灰"一节记载："干松花烧灰装香炉最洁。茄灰亦可藏火，火久不熄。蜀葵枯时烧灰妙。炉灰松则养火久，实则退，今惟用千张纸灰最妙，炉中昼夜火不绝，灰每月一

本草香灰

易……"由此可见，蜀葵作灰，熏香效果最妙，取自然干枯者为佳；香蒲作灰，其色如雪，最得洁白，取鲜蒲者为佳；茄作灰时，最能藏火，其温炎经久不息，取老茄者为佳；松花作灰，无杂物，最为透净清香，取干者为佳。另外，每逢秋天，采摘松须晒干，烧制成灰，用以养香饼。以上均属灰中之极品。

（5）配方类灰。始于民俗，以头青、朱红、黑煤、土黄，各取相等分量，混杂在纸内，装入炉中，名叫锦灰。在香事中，其配方有二：配方一，矿灰占六分，香灰占四分，调和均匀，用大火养灰，可燃炷香；配方二，纸石灰、

配方香灰

杉木灰各取相等分量，用米汤调和，烧过后使用，可做香塔。

纯香类香灰

（6）纯香类灰。为使单品香在香席中能达拔尖的表现，有淋漓尽致的发挥，其灰质中，须无任何杂味，且带有该单品香之淡气，方能让单一的香材锦上添花。例如，炉熏老山檀香，即以纯净老山檀香灰为最佳。其制法多种而同归，取上等香材烤之，待焚至灰烬，存入罐皿，避潮而放，以作备用。

（7）炭火类灰。在日本香道里，主要以炭灰为首，用于各种香熏艺术中。尤是志野流及其门生，甚爱此物，且对灰质要求极高。他们为了得此上等灰，常亲制炭团。炭团制法工艺及材质配方也是多种多样，如果做此灰，就须取特制炭团，待火烧旺后搁置于器皿中，燃完灰烬后即可入炉，以此灰空熏的效果绝佳。

由此见得，灰质的不同，其用途及熏香的效果大不一样。古时候，香灰的原料都是天然的，如沉檀成灰，灰中便残留有原香材的特性与香油，因此以外敷涂抹于伤患，能起到消炎、止痛、止血的功效。甚至有些民间偏方，抓取炉中净灰，煮成一碗水，如果喝下水，可

炭火类灰

解除小孩的惊恐之症。然而，当今市场上贩卖的香品，化学香精制作的不在少数，非但无任何药用价值，且带有未知毒害，故请慎重选择。

雅集香道 照片

在民间，不乏检测香品天然性的土法子，这些土法子由香灰而来。其一，最便捷且常见的手法（以线香为例），手背朝上，一掌之距，自然落灰为准，落在手背后有强烈灼痛感的，或许是香精香，或许是有添加剂，

闻后有害；其二，找一小杯，灌足量水，使落灰掉入水中，若如石般快速沉至杯底，可能此香被添加了过量增重物，使重量提升，这是商家谋取更高利润的惯用伎俩；其三，寻一小碟，几滴水便可，使灰落水，以小棒搅拌研磨之，片刻后，如果浑浊不堪或渐有泡沫出现，甚至犹如沐浴中的皂泡般，定是化学香物。另外还有一些商人为使香灰渐卷不落，添加香胶类物质，用以提升香的黏性。

雅集香道

正因如此，香灰的质感及变化，都在反映着香的优劣性与天然性。而炉灰的色泽，却在反映着灰的可用性。日本的香者更崇尚纯白的灰，认为洁净无杂，更具美观与艺术性；褐红的灰，多为经过炒制，传统香席中常有使用；而浅灰色灰，一般指天然香品烧尽后之剩灰；淡黄色的灰，说明灰已受湿气而潮化；至于纯黑的灰，是燃物、粉末被间接或

香炉

直接火烧后，但未完全燃尽之垢，须经煅烧除去杂物，方能再用。

香道香炉

关于炉灰的保养，如遇受潮结块、淤青发霉、色黄味杂或更严重情况时，最好立即更换新灰。古人相当重视灰的养护，如在条件合适的情况下，应把炉灰放入陶罐，架在烘炉火炭之上，不断翻匀，将灰质烤至洁净方可，退火后，取罐分灰待用。时至今日，以炭团埋于灰中养火净灰的方法，更简便，更受香客青睐。

另外，很次的灰，颗粒较粗；细的灰，能筛百目；而妙的灰，过八十目足矣。粗则多有没烧尽的杂物藏内，细则容易散过于轻以至于遇潮难以分开，妙则火能保存温度聚集精华而好用。总结而言就是："纯灰宜长久，杂灰宜常换，好灰宜藏留。"资深行香师或资深香客定有其私用好灰，也因此，上乘的炉灰，正是他们所追求之物，不论是用还是收藏，均属奢侈，正所谓"千金难求一炉灰"。

香道打香筋

附：（古方）制灰 | 香灰十二法

明代周嘉胄《香乘》原著记载：

（1）细叶杉木枝烧灰，用火一二块养之经宿，罗过装炉；

（2）每秋间采松，须曝干，烧灰用养香饼；

（3）未化石灰捶碎罗过，锅内炒令红，候冷又研又罗，一再为止作养，炉灰洁白可爱，日夜常以火一块养之，仍须用盖，若尘埃则黑矣；

（4）矿灰六分、炉灰四分，和匀大火养灰，焚炷香；

（5）蒲烧灰装炉如雪；

（6）纸石灰、杉木灰各等分，以米汤同和煅过用；

（7）头青、朱红、黑煤、土黄各等分，杂于纸中装炉，名锦灰；

（8）纸灰炒通红罗过，或稻粱烧灰皆可用。

（9）干松花烧灰装香炉最洁；

（10）茄灰亦可藏火，火久不息；

（11）蜀葵枯时烧灰妙；

（12）炉灰松则养火久，实则退，今惟用千张纸灰最妙，炉中昼夜火不绝，灰每月一易佳，他无须也。

线香的储存方式

一、注意保存环境

相对来说，线香是比较容易受潮的，尤其是天然线香，因为没有添加任何的化学干燥成分，更容易受潮；如果是合香，香品需要一定湿度和温度进行再次醇化，所以过于干燥的储存方式也不提倡。

因此，在储存线香的时候，最重要的一点就是注意线香的保存环境，不能将线香放在过于潮湿或者是阳光直射的地方，更忌讳放在靠近暖气的地方。

存放线香的环境，要保障环境中的温度与湿度能够基本达到平衡，不能过干也不能过湿，可以放在干燥通风的地方。

像南方梅雨天气，比较潮湿；北方温差过大，都会导致线香味道发生变化。

注：恒温恒湿箱储存最佳（温度20~25℃；湿度45%最佳）。

二、注意保存方式

线香在保存过程中，尽量选择密封保存，同一味道的线香单独存放，不同味道的线香千万不能混放在一起，否则极易窜味儿。

如果一次性入手很多线香，可以使用香筒进行分装，等到用完再开下一筒，避免经常开封，导致香味衰减或混入杂味。所以推荐密封香筒储存法，能够有效将线香与空气隔离开。

若是囤的线香比较多，一时半会也用不到，可以在密封容器的外部再密封一层，这里再次推荐恒温恒湿箱，能够避免线香受潮与脱水干燥，且有利于香品的醇化进而馥郁香气。

三、远离气味浓重的物品

天然香品都是有着自身特点的味道，并且生闻香与燃闻香是有区别的，尤其是合香类，只有在点燃后才会将其芳香分子逼发出来，从而达到各自不同的效果与氛围。

但若是在储存过程中，与气味浓重的物品放置在一起，很容易沾染上异味。沾染上异味的香品，在点燃之后味道也会发生改变，失去本身的味道，影响品闻效果。

四、放置在儿童够不到的地方

在保存线香的时候，不要随意摆放，尽量放置在儿童够不到的地方，谨防儿童损坏，或者是不小心误食。

五、防火、防虫

线香是极为怕火、怕虫的，尤其是单方香，其原料是单纯的草香、木香、花香，又有着蜜香果香或花香味，储存密封不当极易被昆虫发现而蛀虫，因此保存过程中，除远离火源外，更要做好防虫工作。

后记

合香之义在于"合"。道合阴阳，君臣宣摄，勿泥贵慎，可以为后世师也。

合香是制香人从东方美学和玄学中寻找的心灵寄托，是静心、祈福、修身、藏养独属于自己的别样气质。

古法合香，肇始于春秋，成长于汉，丰满于魏晋南北朝，完备于隋唐，鼎盛于宋，销匿于民国，复兴于21世纪初。

春秋战国时期，祭祀用香主要是燃硝艾，硝易燃易冒浓烟，古人认为，浓烟可以带走人们所祷告祈求的一切上达天庭（升腾到空中与云彩交融）。当然，硝是"臭"的代名词，这里按下不说；而艾蒿是"香"的代名词，艾草、香蒿常被视为美好之物，燃艾蒿是一种重要的祭礼。向神明奉献谷物是一种古老的祭法，"香"字本身就源于谷物之香。

两汉时期，熏香流行于王公贵族的上层社会，用于室内熏香、熏衣熏被、宴饮娱乐等许多方面。熏炉等主要香具得到普遍使用，并出现了很多精美的高规格香具。另外汉代用香进入了宫廷礼制。《汉官仪》中记载，奏事对答要"口含鸡舌香"，使口气芬芳。除了熏香、香口外，汉宫的香药还有很多用途，如著名的"椒房"，就是以花椒"和泥涂壁",作为皇后居室。王族的丧葬也常用香药消毒、防腐,香也被用于祛秽、消毒、养生、养性等。

魏晋南北朝时期是香文化发展的一个重要阶段,熏香在上层社会更为普遍,并出现在许多文人的生活中。道教与佛教的兴盛,促进了香的使用和香药性能的研究及制香方法的提升。宫廷用香、文人用香与佛道用香构成了魏晋时期香文化的三条重要线索,三者既相互交融又独立成章,共同推动了香文化的发展。由于魏晋时期交通便利以及对外交流的增加,边疆和域外的香药大量进入内地。到南北朝时,香药品种已基本齐全(除龙涎香等少数稀有品种外),绝大多数都已收入本草典籍,人们对香药特性的了解更为深入,香药名称也已基本统一。香药在医疗方面有很多应用,葛洪、陶弘景等许多名医都曾用香药治病,有内服、佩戴、涂敷、熏烧、熏蒸等多种用法。

丝绸之路开通后成为域外香药入唐的主要通道,使得香品的种类更为丰富,用途更广泛,制作与使用也更为考究,呈现出"香气浓郁,华贵典雅,温润持久"的特点。在唐代的宫廷礼制中,用香成为一项重要内容,政务场所也要设熏炉熏香、设香案焚香。唐代进士科考时不仅焚香,还有茶饮,对举人考生礼遇有加。此外,文人阶层用香普遍,出现了很多咏香诗文。

香文化在宋代达到了鼎盛阶段。宋人用香的场合很多,香遍及社会生活的方方面面,庆典宴会、婚庆、祝寿等各种场合都需要用香,包括熏衣、祭祀、入药等。宋代的香品以香韵"隽永而放逸,高耸而冷峻"为主流特色。朝廷大量进口香料,南宋时香药是市舶司最大宗的进口物品之一,当时从海外诸国进口了乳香、龙脑香和栈香(沉香的一种)。同时朝贡品中也有大量的香药,其中乳香等是政府专卖,民间不能交易。宋代香文化十分富有诗意,被称为中国香文化真正的高峰和代表。

晚清到民国年间,士大夫用香风习还在部分遗老和守旧的文人当中遗存。面对朝野乱局,他们仍然流连于书房雅趣,自得于并不坚实的"象牙之塔"。周作人写于1924年的《北京的茶食》中就说:我们于日用必需的东西以外,必须有一点无用的游戏与享乐,生活才觉得有意思。我们看夕阳,看秋河,看花,听雨,闻香,喝不求解渴的酒,吃不求饱的点心,都是生活上必要的——虽然是无用的装点,而且是愈精练愈好。

但这样的遗老和守旧的文人，毕竟是少之又少，随着政治、战争的发生以及后来中华人民共和国成立后的百废待兴，人们逐渐意识到传统文化的缺失与重要性以及我辈更应担负起中国香学文化的复兴和传承重任，在此呼吁当今年轻人：在追逐国内外高端化妆品的同时，也不要抛弃传统香文化，工作之余闲暇时间里去找寻一点"花气无边熏欲醉，灵芬一点静还通"的雅趣。愿《华夏香谱——丰年古法合香集》可以带您走进香文化的美妙世界。

至此，关于古法合香的内容整理完毕，其中也有取舍，但更多的或许是不足罢，还请同行、专家、读者朋友们多多指教，您的宝贵意见是推动整个合香文化前进的动力。

初衷是把历朝历代的香方归纳整理，宗教类、宫廷类、中医类，散落民间也好，生僻文言也罢，用浅显易懂的方式阐述，用科学研究方法分析，于是便有了这本《华夏香谱——丰年古法合香集》。

这里借用《晦斋香谱序》中的一句话与大家共勉：香多产海外诸番，贵贱非一，沉檀乳甲，脑麝龙栈，名虽书谱，真伪未详，一草一木乃夺乾坤之秀气，一干一花皆受日月之精华，故其灵根结秀品类靡同。但焚香者要谙味之清浊，辨香之轻重，迩则为香，迥则为馨。真洁者可达芎苍，混杂者堪供赏玩。

再次感谢，对本书大力支持、鼓励的亲朋们，附鸣谢如下：

人民大学教授孙家洲、中国大风堂艺术研究院院长孟庆利、民盟中央宣传委员会副主任/北京中国书画协会副会长杜彦锋、中国道教书画院会员/关公庙道长清玄道人、中国新闻出版书法家协会主席/中国出版集团书画协会主席王云武、禅意大写意画家近僧、中国老年报社社长孙立仁、河北省书法家协会副主席孙学东、江苏省书法家协会副主席/南京市书法家协会副主席魏建勋、当代书画家石僧、河北省定州市大道观、国家级非物质文化遗产花张蒙道教音乐团团长王宗云道长、中国新闻出版书法家协会副主席/中国大风堂艺术研究院副院长李恩军、首都博物馆画院副院长/鸿·艺术馆馆长/徐悲鸿艺术文化网执行总编武华兴、当代书画家一觉。